中小城市空间发展论丛
（国家自然科学基金：51178371；51378420）

模式与优化：
中小城市空间扩展探析

陈晓键　李　兰　任晓娟　著

中国建筑工业出版社

图书在版编目（CIP）数据

模式与优化：中小城市空间扩展探析 / 陈晓键，李兰，任晓娟著 . — 北京：中国建筑工业出版社，2022.12

（中小城市空间发展论丛）

ISBN 978-7-112-28168-8

Ⅰ. ①模… Ⅱ. ①陈… ②李… ③任… Ⅲ. ①中小城市—城市空间—城市扩展—研究 Ⅳ. ① TU984.11

中国版本图书馆 CIP 数据核字（2022）第 215403 号

责任编辑：蔡文胜
责任校对：孙　莹

中小城市空间发展论丛

模式与优化：中小城市空间扩展探析

陈晓键　李　兰　任晓娟　著

*

中国建筑工业出版社出版、发行（北京海淀三里河路 9 号）

各地新华书店、建筑书店经销

北京点击世代文化传媒有限公司制版

北京富诚彩色印刷有限公司印刷

*

开本：787 毫米 × 1092 毫米　1/16　印张：13¾　字数：308 千字

2022 年 11 月第一版　2022 年 11 月第一次印刷

定价：**180.00** 元

ISBN 978-7-112-28168-8

　　（40228）

版权所有　翻印必究

如有印装质量问题，可寄本社图书出版中心退换

（邮政编码　100037）

前　言

　　城市土地的高效利用是适应我国当前经济结构调整和产业转型升级、推进新型城镇化建设、保护资源和保障发展的内在要求。西北地区独特的自然条件、生态环境、人口和城市分布密度以及工业化和城镇化发展路径使得城市空间呈现出产业转型升级与空间结构调整和重构并存，建设用地扩张与人口外流、活力衰退并存，人口居住地和户籍所在地分离与城区人口进一步集聚态势并存，空间理性扩展与无序蔓延并存，人口产业集聚的时滞与长期增长或收缩的不确定性并存等鲜明的地域性特点。西北地区城市区域处于发育期，中小城市处于迅速发展阶段，空间扩展引发的低绩效问题在西北地区很多地方或已发生或即将发生，涉及面广、影响范围大，而城市用地效率和结构直接作用于城市软、硬实力的提升，因此，迫切需要采用定性和定量相结合的方法正确把握城市化进程所处的阶段，预测城市未来发展趋势，需要对西北地区中小城市扩展的空间模式及其绩效进行评价以指导城市规划建设。本研究可为西北地区中小城市空间扩展适宜性模式选择及空间调控提供依据。

　　本书分工如下：编写提纲由陈晓键提出。第一章由陈晓键、李兰、任晓娟撰写；第二章由陈晓键撰写；第三章由冯斌、陈晓键撰写；第四章由陈晓键、秦川撰写；第五章由陈雯、陈晓键撰写；第六章由李兰撰写；第七章由任晓娟撰写；第八章由李兰、任晓娟撰写；第九章由陈晓键、李兰、任晓娟、陈雯撰写。

　　研究生秦川、谭漪汶、何倡、冯嘉、钟玥、陈雯、杨斌、谢庆龙、李丹丹、田雨、郝海钊、王萌晓、王彤、冯斌、柳思瑶、王冰倩、韩伊迪等参与了项目调研、资料整理和图件绘制等工作，在此向各位同学表示衷心的感谢。

　　研究工作得到国家自然科学基金面上项目的支持，使项目组对西北地区中小城市研究得以持续进行，在此表示深深的感谢。课题完成并形成初稿后，课题组又进一步开展了西北地区中小城市调研及内容推敲工作，终成其稿。

　　由于编者水平有限，书中难免有纰漏和不妥之处，恳请同行专家、学者及读者在阅读中批评指正。

目 录

上篇

总论

1 导 论

1.1 研究缘起与背景

城市扩展的空间模式随发展阶段不同而差异显著。已有研究显示出，城市规模与城市结构之间存在着一定的关联，规模的"量变"呼唤结构的"质变"。当城市规模较小时，单中心结构具有一定的自发性，近域圈层式蔓延是城市空间扩展的主要模式；随城市规模扩大，多中心是城市空间发展演化的方向；大都市区化是城市化达到一定程度的必然现象。21世纪以来，中国大城市，特别是我国东部沿海地区的大城市，城市规模与空间扩展迅速，经济社会活动越来越倾向于在较大区域范围内聚集，城市多中心发展趋势日益显著。

然而我国西北地区生态环境脆弱、人口相对稀疏、城市间距较远、城镇化水平较低，处于工业化的初、中期阶段。一方面生态环境的脆弱性凸显了城市周边生态空间作为城市赖以生存的生态本底的作用，加剧了城市扩展与非建设用地保护的矛盾；另一方面，城镇化水平的相对滞后，以及该地区居住地和户籍所在地分离造成人口回流的巨大潜力，隐含着城镇人口将进一步集聚、建设用地进一步扩大的趋势。与此同时，西北地区城市发展呈现出人口集聚、建设用地扩展与人口外流、活力衰退并存的特点；工业化初、中期的发展阶段特性也揭示出城市即将面临产业升级、结构转型和由此将产生的空间结构调整和重构。因此，城市空间演化已经到了转折时点。

西北地区中小城市占该地区城市总数的90%，城市发展演化的动态与地域适应性值得关注。它们多数向上缺乏与特大城市、大城市的有机联系，向下缺少对地域内县、乡镇的辐射能力；既少有东部地区"大中小城市连绵"的现象，又欠缺东部地区经济和人口空间由密集分布向周边扩展和分散的内在动力机制。但一些城市扩展却在更大的地域空间内逐步演化（或人为引导），还有一些城市空间模式上呈现出类似于我国东部沿海城市松散式的多核结构特征（因其不同于大城市、特大城市的中心，所以这里将其称为"核"）。这种扩展的空间模式是否与西北地区城镇化水平较低，城镇以向心集聚为主的发展阶段相适应？是否与西北地区地形复杂、可建设用地少、生态环境脆弱的自然条件相协调？如果加以规划调控，何种类型的空间模式是适宜的？判断标准是什么？如何在城市发挥自我修正与更新能力作用的同时，从空间质量方面入手寻求解决空间问题的应对方法？这是发展的现实对城市问题研究者提出的迫切需要回答和解决的问题。

城市用地规模扩展和用地结构调整是聚集经济的空间表现，城市用地效率和结构直接作用于城市软、硬实力的提升。由于空间扩展引发的低绩效问题在西北地区很多地方或已发生或即将发生，涉及面广、影响范围大，加之西北地区中小城市正处于迅速发展阶段，生态环境、水资源和土地资源的强约束性，共同凸显出对空间扩展进行绩效评价和管理的必要性和紧迫性。因此，迫切需要采用定性和定量相结合的方法对西北地区中小城市扩展的空间模式及其绩效进行评价以指导城市规划和建设。研究城市扩展的空间模式，可以帮助我们正确把握城镇化进程所处的阶段，预测城市的未来发展趋势。本研究成果，对于丰富城市规划学科中微观地域空间组织规律性的研究内容具有科学意义，可为占西北地区城市总数90%的中小城市空间扩展适宜性模式选择及空间调控提供依据，促进西北地区中小城市城市化健康发展。

1.2　研究动态

自20世纪末，特别是21世纪以来，我国不同地域城市间人口流动和地区中心城市的城区人口聚集速度加快，东、中、西三大地域不同规模城市均呈现出不同程度的空间扩展。学术界研究也日益增多和丰富，内容涉及城市扩展、空间组织、空间绩效、空间优化等方面。

1.2.1　城市扩展

城市自身空间要素在地域空间的生长与扩展可以理解为城市空间的外延扩大和内涵变化。外延扩大表现为地域用地面积和人口规模的增加等；内涵变化体现在土地利用性质与强度的变化，城市内部布局、空间结构、产业结构以及绩效的变化等。

城市扩展的空间模式随发展阶段不同而差异显著。城市空间扩展的同时，其结构矛盾和负面效应也日益凸显，表现在建设用地无序蔓延、生态环境趋于恶化、社会群体矛盾突出等诸多方面。目前，传统城镇化模式引导的以政府经营为主导，依托招商引资、土地财政的粗放型、外延式空间扩张的城市增长模式已经难以为继。

对城市扩展负面后果的应对研究始于20世纪50年代西方国家，学术界针对城市无限制增长产生的一系列负面影响，提出有机疏散、新城建设、紧凑城市、精明增长、多中心网络结构等大量规划理念和模式。

20世纪90年代以来，我国城市发展逐步从单纯"量"的渴望转向对"质"的追求，人们开始关注不同城市演化模式的特点。针对城市空间演化的紧凑环状、轴线带状、星型放射、分散组团、点轴线型等典型模式的探讨逐渐增多，并利用多主体城市模拟系统，以"人本"的角度对不同演化模式的经济和环境价值进行探讨。2008年9月在我国大连召开的第44届世界规划大会上，没有蔓延的增长（Urban Growth without Sprawl）成为世界城市问题研究者和规划师共同关注的热点话题。与西方发达国家城市化进程中人口与产业集聚较为同步的状况不同，我国城市拓展所面临的是城乡混杂的空间景观，西部地区尤为如此。我国学者借鉴西方学者关于城市蔓延的界定和度量，通过构建城市综合扩展指数和采用相关分析方法进行了大量的实证研究，得出结论：越是经济发达的城市，城市空间结构越紧凑，人口和产业相对密集；越是经济发展落后的城市，中心扩展越严重，人口和产业急需集聚。当城市规模较小时，经济迅速增长会驱动城市空间扩展加速；而当达到较高城市化水平时，外延扩展程度越小的城市，经济效益越明显、经济结构越优化。

国内外空间扩展和增长管理的研究，一方面形成了精明增长、紧缩城市、新城市主义等规划理论和理念，另一方面探索出了以城市增长边界为代表的抑制城市蔓延的有效技术手段和规划政策。从20世纪在规划中将城市周边的一条限制性绿带作为抑制城市蔓延扩张的边界开始，到当前划定城市的开发边界、规划城市的建设用地边界和非建设区域，人们一直试图通过各种技术手段和规划政策抑制城市的无序蔓延。增长管理的研究不但涉及与其关系密切的增长管理思想、新城市主义与精明增长思想，还涉及城市规模预测、城市用地选择、城市生态安全、城市空间扩展和重构机理等诸多影响因素。

1.2.2 城市空间组织

学者已有研究揭示：在城市发展演化过程中，城市为满足其人口、经济、自然和社会文化等发展的需要，城市物质空间环境不断改变，表现为从无到有、从小到大、从简单到复杂、从无序到有序的发展过程；而与此同时自然环境却表现为从有序到无序、从复杂到简单、从自然稳定到人为稳定、从自然演进到人为演进的发展历程。城市渐进式动态演变的现实使得城市空间的前一个状态对后一个状态产生重要的影响。城市规划通过试错前行的特性，使得对不断演化的空间组织进行研究分析和检测显得尤为必要。

城市空间既包含城市固定要素的空间构造，又包含人、商品物资以及信息知识在不同区位之间的流动，还包含它们的动态特征和组织规律。城市空间组织即人类一系列空间建构活动及产生的空间关联。

城市空间一般经历在某些特定的发展区人口不断集聚——人类活动基于各自的区位需求，商业、工作、教育、休闲活动相对聚集，人口密度提高，城市中心建设活动活跃，空间强化——城市空间扩展，人口密度降低，不同类型的城市居民群体居住区位相互更替——城市外围建设活跃，城市内部更新或分散，新中心建设活动活跃等不同发展阶段。城市更新与城市的扩展是紧密相连的，市区居民向郊区的大规模迁是联结城市更新与城市扩张的重要环节。城市的空间扩展通常体现为城市内部的功能置换和城市外部的空间延伸，并以同心圆、扇形、多核心、轴带放射等发展模式，以及带状、面状、跃迁式等发展形式表现出来。

空间组织着眼于生产空间、生活空间和生态空间。城市系统是相互作用的城市诸要素所构成的有机体，是"自然 - 社会 - 经济"的动态复合系统，具有生态、社会和物质属性，形成城市生态空间、城市社会空间和城市经济空间，具有相对稳定的有序结构和典型的耗散结构特征。城市空间既是城市各系统发展的载体，又是各种系统发展的结果。自然生态系统是城市复合生态系统的有机组成部分，自然生态对城市发展起着约束作用，城市空间发展与自然演进过程息息相关。从大规模人类活动影响下的自然地理环境与人文地理环境的演化来看，学者已有研究发现人类活动对自然地理环境系统熵值变化的影响有正有负，对城市系统及人文地理环境系统熵变化的影响总体上是正面的，推动了其有序化发展。自然要素构筑了建成环境的生态本底。反映在物质空间建设上，就表现出城市与地形关系、住区及建筑空间尺度大小、空间组织肌理等特点。

城市发展大部分处于生产、生活、生态空间叠加的情形之中。城市空间组织与其经济结构、社会结构、功能结构密切相关，既相互促进，又相互制约。空间组织既体现自组织的力量，又体现他组织的作用，是有机"自组织"和权力制度下的"他组织"的双重参与形成的复杂多维的城市空间组织结构。在自组织过程中，原有结构不断强化，微观结构的复杂程度不断增加。当原有结构变化达到某一临界值时，系统稳定性受到破坏，从而造成系统性混乱和相态改变，导致系统性崩溃或者系统结构性改变。因此需要提前采取主动干预的方式以控制系统稳定性，达到系统再平衡。宏观干预一旦破坏城市的微观自组织，改造后的城市结构系统无法提供一个良好的框架支撑微观自组织生长的发生，就会造成对城市原有肌理的结构性破坏。

人类的经济与社会活动存在于空间中，通过住房建设、工业建设、基础设施建设等一系列工程行动物化空间，并按照各自的特征在空间中演进，形成一系列物质空间景观形态和作用关系表征的空间关联模式，通过制定一系列规划和实施一系列经济社会行动保证其效力的发挥。城市内部各个要素的空间组织关系，决定了城市的整体运行绩效。

1.2.3　城市空间绩效

"绩效是一个多维建构，观察和测量的角度不同，其结果也会不同"。城市空间绩效是指城市空间的综合成效或效果，只有最大限度地满足城市各项功能的发展需求，合理配置各类空间资源，促进各项要素均衡发展，才能有效提升城市的综合效益。城市空间本身的复杂性——空间具有社会、经济、生态、政治及物理形态等多重属性，导致了空间绩效研究的复杂性。

城市空间的本质是一种人造环境，城市化和城市过程就是各种人造环境在资本逐利和控制下的生产和创建过程。城市空间的演变与重组反映着不同利益群体、个体之间的博弈。人类系列的空间建构行动产生了城市空间的效应变化，科学有效的空间组织是营造和谐空间秩序的基础，也是确定特定空间效力和保证空间利用效率的基础。城市空间演化表现为形态、功能和结构的演化趋势，城市功能的空间载体，在不同时期均有相应的外在表现特征，城市空间不同的开发方式在空间上的组合模式，体现着城市的自然地理特征、社会特征、产业特征和功能特征，其组合模式决定了城市内部各个要素的空间组织关系，进而决定了城市的整体运行绩效。城市空间演变有且必须有相应的约束存在。城市建设中，人类的理论理性凭自我意识的能动性规定了城市环境的法则，而实践理性凭自由意志的能动性规定了本体界的法则，表现出自然规律和束缚被打破。因此，按照不加约束的意识进行的城市建设活动往往对生存环境产生巨大的负面影响。

城市空间扩展的效果和效益测度理论和方法多年来也一直处于探索且不断深化中。逐步从二战以后西方发达国家使用的成本－效益方法（cost/benefit methods）、平衡单方法（balance sheet method）以及目标－成就法（goals/achievements method）发展到多中心城市空间自组织模型、潜在的空间一体化评价体系、不同城市或都市区结构绩效比较。随着绩效评价理论和方法研究工作的深入，绩效评价的指标体系和方法也不断丰富和发展，学者们提出密度剖面、人口分散指数、离心指数，偏离度、紧凑度、离散度、放射状指数及出行距离，绩效密度、绩效舒展度、绩效人口梯度、绩效 OD 比，基础实力、投入产出、资源节约、环境友好，紧凑度、碎形向度、岸线长度，城市建成区内的商业服务、教育服务以及医疗服务三种设施的平均服务半径、城市规模、出行方式、社会经济指标、开发强度，经济绩效系统、社会结构绩效系统、资源环境绩效系统、空间形态绩效系统和制度创新绩效系统空间效益、空间效率和空间公平等不同维度的绩效测度指标体系。

城市空间绩效既涵盖城市空间结构不断变化过程中所呈现的动态效应，也包括城市在某一时刻产生的静态效应。既然绩效是"过程"与"结果"的统一，那么除了构建城市空间绩效评价模型外，应建立城市空间绩效动态监测、管理系统，定期掌握城市空间绩效的变化，以便适时地提出应对策略，进而实现城市高效、可持续地发展。

"失效"现象也是分析绩效问题的一个角度。在城市发展和建设过程中，会产生土地资源利用、城市空间经济效率（主要指劳动力集聚效率）、市场信息对市场发育的重要性、城市交易成本、公共财政效率（主要是一些城市发展模式与城市基础设施不协调，导致基础设施效率不高、需求过大、供不应求）等方面的失效。从公平的角度来看，会产生对特殊群体的权利和利益保护不足，城市基础设施建设未能充分地估计到不同群体的需求，城市发展带来环境、生态、社会等一系列问题等方面的失效。土地价值与空间结构的关系说明，资本资源与土地资源能根据市场价格得到有效和最优化的配置，即得到最佳的利用，城市的经济效率也会最好，城市竞争力就高。

城市空间绩效具有多尺度性。城市空间演化是多尺度的概念：从宏观尺度来看，区域城市空间演化可体现在区域发展的土地要素投入与产出结构上；从中观尺度来看，体现在城市用地结构与空间功能结构上；从微观尺度来看，则主要体现在不同城市用地的组合模式、开发强度、功能特征等方面。因而，对于城市空间层面的"绩效"考量须放置到多层次空间尺度下进行。这一尺度可小至社区或街区，大至城市、市域（城市区域）乃至城市化区域。

1.2.4 空间结构优化

"空间与其中容纳的活动之间具有辩证统一的关系——活动导致空间的变化，空间变化改变活动的区位"。空间结构的优化既涉及城市形态和城市功能方面，也涉及它们之间的互动。好的空间形态和结构被普遍认为是城市可持续发展的基础。近些年，就城市形态而言，较高密度、功能混合、公交导向的"紧凑城市"受到多方关注。然而，紧凑式的发展模式并不等于高密度和高容积率，而是要强调功能紧凑，居住、工作、交通和休憩四大功能相对关系紧密，功能配套完善。城市到底紧凑到什么程度才是最佳空间绩效的状态？又怎样在城市不断成长中保持这一合适的紧凑状态？如何严格控制建设空间的结构有序以发挥结构的绩效等问题都引发了学者的广泛关注。

基于原始地形地貌形成的有机空间秩序，人类活动形成的工程空间秩序以及各种"流"衍生的虚拟空间秩序是空间存在的不同态势。空间公正、社会公平、经济优效、紧凑而有效率的空间组织是构建城市可持续系统的核心。一个可持续增长的城市空间应该具有适宜的密度，合理的布局，足够的弹性、多样性和因功能变化的需要进行自我调节更新的能力。为了保持人类社会可持续发展的空间福利，需要在空间哲学的引导下，充分理解空间哲学内涵的前提下，从空间调控、空间相互作用、空间效率等方面进行规制，用可持续的空间范式引导与约束人类的空间行动。

经济活动的内容和方式决定了城市建设的对象和目标，经济发展的周期性决定了城市空间扩展速度和扩展模式的周期性变化。城市是在人类居住、制造业、商业等一系列空间建构活动中不断生长的生命体，这种生长可理解为城市空间的外延变化和内涵变化，呈现出城市平面上用地规模的扩大和垂直方向上向空中和地下的伸展，在此过程中，土地利用性质与强度不断发生变化，空间要素增值，城市空间结构形成和转化。城市社会经济活动的空间分布是其在空间区位上博弈的结果，人口密度和就业密度反映出城市经济活动的强度，而资本密度和建筑密度作为人口和就业活动的物质载体，是城市物质形态的表征。资本密度和建筑密度具有"刚性"特征，而与定义了城市空间结构的人口空间分布和人的出行方式密切相关的人口密度和就业密度是城市物质空间（建筑空间）上的"填充"，具有"流性"的特征。

在空间–社会的复杂过程中，空间不仅仅是社会发展的背景和"容器"，空间也产生了复杂的社会关系。社会空间演化与物质空间重构以一种相互衔接的方式展开，可表现出较好的共轭性。城市是由不同"意义"区位（社区与场所）构成的社会空间结构。人类活动基于各自的区位需求，通过商业、工作、教育、休闲活动的相对聚集形成各种中心，不同类型的城市居民群体组成了相对独立的城市社区或居住区位相互更替形成了隔离或入侵、演替。社会空间是具有地域性和历史性的城市空间，受历史特征和城市发展差异的影响，不同城市间社会空间特征的差异性明显，因此学者认为城市空间是社会空间的限制单位。复杂的经济和社会关系产生城市建成空间。城市空间多样性具有重要的社会价值，它不仅反映了社会结构多样性的本质，也是城市"社会生态链"的物质载体和空间诉求。

1.3　内容框架

转型时期的城市空间演化是一个多维、复杂和综合的研究命题，受多维解构效应的作用而具有多面的表现，因此，建立不同维度的分析层次结构，进行解构式的研究十分必要。在关系维度上，城市空间演化反映出的几何、拓扑、节点和网络等的空间关系，是城市空间、社会、经济发展的基本物理特征；在资源配置的基础上，呈现出区域经济集聚发展、空间结构演化、规划实施效果等不同层次的外部衍生现象，这三个层次具有紧密的内在逻辑关系，不同层次之间通过组织与空间上的映射而呈现对应关系，关系的耦合协调影响城市运行绩效。在空间维度上，城市空间作为功能的载体在不同时期具有相应的外在表现，城市空间演化表现为形态、功能和结构的演化趋势，不同的空间开发方式形成规模化的空间组合，该组合模式不仅体现了城市的自然地理特征、产业特征和功能特征，还决定了城市内部各个要素的空间组织关系，进而决定了城市的整体运行绩效。

本书通过对西北地区城市发展背景及条件分析和西北地区中小城市空间模式调研，研究中小城市扩展的空间模式、特征及原因，进而对中小城市空间模式类型进行划分并分析它们的差异和共性，寻找其"生存基因"。在此基础上，从地域空间结构和单一城市的内部结构两方面入手，评价空间绩效，分析结构特点、存在的问题，提出适宜性空间扩展模式及提高现有扩展模式绩效的方法和途径（图1-1）。具体包括以下主要内容：

（1）中小城市扩展的空间模式及其特征分析

一是通过对已掌握及购买的资料、图件的分析整理，初步划分出不同类型；二是对重点城市进行现场调研，重点调查交通运输组织及公共设施分布，并通过搜集规划资料和运用社会学调查方法（问卷调查、访谈等）了解城市扩展过程；三是通过多因子分析方法等归纳总结、整理出中小城市扩展的空间模式及其特征。

（2）中小城市扩展空间模式的类型化研究

一是结合对西北地区中小城市调研和已有研究取得的成果，在空间上呈现出单中心、组团式、多核等不同形态特征的城市中各选取代表性城市，研究其城市空间形态与空间过程；二是使用扩展速度、扩展强度以及边界维数等指标，分析典型案例城市扩展程度和城市形态特征；三是根据城市的空间形态特征、扩展程度和过程等，进行西北地区中小城市扩展的空间模式类型划分。

（3）绩效评价体系基本理论框架建构

借鉴国内外相关理论研究成果，提出绩效评价的理论框架。

在借鉴国内外已有评价指标和方法的基础上，针对西北地区地域特点，以及西北地区中小城市扩展的内在机制和特殊限制条件，构建绩效评价指标体系。

（4）实践验证

选择有代表性的中小城市，应用所建立的指标体系进行绩效评价、预警和优化研究。

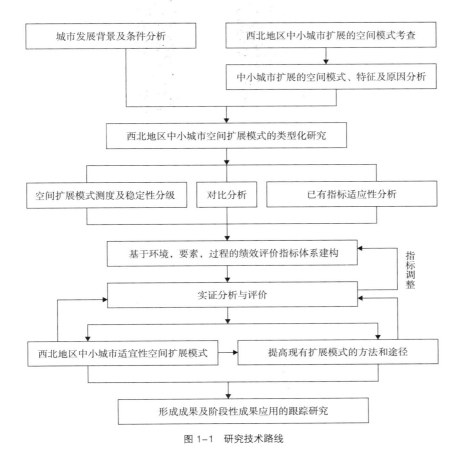

图1-1 研究技术路线

2 西北地区城市概况

西北地区是我国七大地理分区（华北地区、东北地区、华中地区、华东地区、华南地区、西南地区和西北地区）之一。在我国行政区划上，西北地区包括陕西省、甘肃省、青海省、宁夏回族自治区、新疆维吾尔自治区等省、自治区。

由于自然条件、历史地理和社会经济发展等多种因素影响，我国近代以来城市分布一直呈现东密西疏的格局。城市主要集中于长江三角洲、珠江三角洲、京津唐等地区，而西部地区特别是西北地区因独特的区域自然、经济和社会条件形成了特殊的城市发展特点，是中国城市分布稀疏地带，且以中小城市为主。从全国范围看，东西部城市空间扩展也存在着显著的空间异质性。刘嘉毅、陈玉萍基于城市空间扩展强度的聚类分析发现，中国城市空间扩展分为高速扩展区、快速扩展区、中速扩展区、低速扩展区、缓慢扩展区五大类，各类扩展区在空间上错位分布。快速扩展区对全国城市空间扩展的贡献率高达三分之一以上，低速扩展区成为各省区单元隶属的主体类别，缓慢扩展区则为城市空间扩展的贫瘠地带，城市扩展强度总体上呈现出从东往西梯度递减的规律。无论在哪个时段，华东地区始终位居城市空间扩展规模、扩展贡献率与扩展强度的首位，其新增城市建成区的面积在全国的占比一直在三分之一以上，成为引领中国城市空间生长的领头羊。西北地区城市相对属于缓慢扩展区，但其城市空间扩展贡献率与扩展强度一直处在提升过程中。从城市规模看，相对于特大城市和大城市，自 20 世纪 90 年代后期以来，中小城市人均建设用地年均增长率较低，但是人均建设用地指标呈不断增长的态势。西北地区中小城市空间扩展即是在相对缓慢扩展和人均建设用地指标不断增长这种背景下展开的（表 2-1）。

城市人均建设用地变化 表 2-1

指标		全国城市合计	特大城市	大城市	中等城市	小城市
人均建设用地（m²/人）	1981 年	74.10	68.86	62.21	76.48	102.51
	1991 年	87.08	65.32	85.45	99.62	126.76
	1995 年	101.20	74.64	87.97	107.94	142.67
	2000 年	105.34	85.92	100.94	112.02	140.64
	2010 年	112.40	122.90	126.56	130.89	140.38
	2016 年	130.92	122.90	134.02	141.94	154.30

指标	全国城市合计	特大城市	大城市	中等城市	小城市
1981—1995 年均增长率（%）	2.25	0.58	2.51	2.49	2.39
1995—2016 年均增长率（%）	1.40	3.08	2.49	1.50	0.39

资料来源：1. 1981、1991、1995 年的城市人均建设用地数据及 1981—1995 年均增长率（%）数据来自参考文献：李树斌. 城市土地可持续利用——理论与评价. 北京：中国科技大学出版社，1999。

2. 历年中国城市建设统计年鉴（城区城市建设用地面积 / 城区非农业人口数）。为统一计算口径，城市分类使用 1989 年《中华人民共和国城市规划法》中城市分类标准（100 万人以上为特大城市，50 万—100 万人为大城市，20 万—50 万人为中等城市，20 万以下为小城市）。

2.1 西北地区城市体系特征

2.1.1 城市等级规模

截至 2018 年 6 月，西北地区共有城市 69 座，其中副省级城市 1 座，地级城市 31 座，县级城市 37 座（含计划单列市和自治区直辖县级市）（表 2-2）。

西北地区城市数目汇总表　　　　　　　　　表 2-2

省份	副省级市		地级市		县级市	
	名称	数目	名称	数目	名称	数目
陕西省	西安市	1	铜川市、宝鸡市、渭南市、咸阳市、延安市、榆林市、安康市、商洛市、汉中市	9	华阴市、韩城市（计划单列市、副地级市，2012.05）、兴平市、神木市（2017.04）、彬州市（2018.06）	5
甘肃省			兰州市、嘉峪关市、天水市、武威市、白银市、金昌市、张掖市、平凉市、酒泉市、庆阳市、定西市、陇南市	12	临夏市、合作市、玉门市、敦煌市	4
宁夏回族自治区			银川市、石嘴山市、吴忠市、固原市、中卫市	5	青铜峡市、灵武市	2
青海省			西宁市、海东市	2	德令哈市、格尔木市、玉树市（2013.07）	3
新疆维吾尔自治区			乌鲁木齐市、克拉玛依市、吐鲁番市	3	哈密市、昌吉市、阜康市、伊宁市、奎屯市、塔城市、乌苏市、阿勒泰市、博乐市、阿拉山口市（2012.12）、库尔勒市、阿克苏市、阿图什市、喀什市、和田市、霍尔果斯市（2014.06）、石河子市、阿拉尔市、图木舒克市、五家渠市、北屯市（2011.12）、铁门关市（2012.12）、双河市（2014.01）	23
合计		1		31		37

注：表中数据截止到 2018 年 6 月。

资料来源：陕西省、甘肃省、青海省、宁夏回族自治区、新疆维吾尔自治区人民政府网。

依据《关于调整城市规模划分标准的通知》（国发〔2014〕51 号），以城区常住人口为统计口径，将城市划分为五类七档。城区常住人口 50 万以下的城市为小城市，其中 20 万以上 50 万以下的城市为 I 型小城市，20 万以下的城市为 II 型小城市；城区常住人口 50 万以上 100 万以下的城市为中等城市；城区常住人口 100 万以上 500 万以下的城市为大城市，其中 300 万以上 500 万以下的城市为 I 型大城市，100 万以上 300 万以下的城市为 II 型大城市。截至 2018 年初，西北五省区中的西安市、宝鸡市、兰州市、乌鲁木齐市、银川市、西宁市等 6 座城市的中心城区城镇人口均超过 100 万人，属于大城市，其余 63 座为中小城市，其中陕西省 13 座，甘肃省 15 座，青海省 4 座，宁夏回族自治区 6 座，新疆维吾尔自治区 25 个，包括地级市 26 个，县级市 37 个。

2.1.2　城市职能

西北地区中小城市的主要职能包括综合型、工业型、农工型、内陆口岸型、旅游型等。综合型城市主要包括各省、自治区的首府城市。这些城市非农产业在当地生产总值的比重一般超过 60%，其工业结构一般表现为多种门类并存的多元化特点。工矿型城市产业布局指向比较单一，即以资源指向为主，其中以煤炭开采为主的有陕西的铜川和韩城、宁夏的石嘴山，以石油开采为主的有新疆的克拉玛依，以有色金属冶炼和加工为主的有甘肃的白银和金昌、宁夏的青铜峡，以黑色冶金为主的有甘肃的嘉峪关等等。这些城市是西北地区能源、原材料工业基地的主体，其主要产业在本市、各省区及西北地区都占有较大的比重。农工型城市的产业布局指向农牧业资源，以农产品为原料的轻工业在其产业结构中占有重要地位，西北地区的大部分小城市都属于这一类型。内陆口岸型城市主要分布在新疆边境地区，主要有新疆维吾尔自治区的阿勒泰、塔城、伊宁、阿图什、喀什等城市。它们是新疆和西北地区的内陆口岸，对于加强西北地区与周边国家的经济联系、发展向西出口有着重要的作用。旅游型城市是依托旅游资源优势而发展起来的，如敦煌市。

2.1.3　城市分布和布局特征

西北地区城市布局主轴线与生产力布局主轴线高度拟合。城市主要依托交通运输网络形成了较稀疏的叶脉状布局，呈现出东密西疏、铁路沿线和城市群地区密度高的格局。具体表现出以下几方面的特征：

1. 城市形态结构多样化和复杂化

受地形和城市规模的影响，西北地区中小城市发展初期和之后较长一段时期，布局较为集中，形态紧凑。一些地处平原区的中小城市多呈现典型的圈层布局模式。部分地形复杂的河谷、山地城市，受河流、山川的阻挡，城市用地以向河谷山涧外溢的形式扩展以满足发展的需求，如合作市向四条河谷扩展形成了 X 型结构，平凉市沿河流呈现出带形结构，定西和阿勒泰市顺延川道发展呈现出 Y 字型结构等等。随着城市规模扩大和扩展速度加快，部分圈层布局城市，以蔓延式、跳跃发展、分散布局等不同的方式实现其空间扩展，城市空间由集聚向松散过渡。河谷城市当发展到一定规模且城市空间无处拓展时，往往出现跨越自然屏障形成多片区分隔的空间形态，如天水市的带形多片区结构。当地形限制强烈、城市规模迫切需要扩展而周边用地难以利用、就近发展不利的情况下，部分城市只能跳出河谷，建立独立新区向外围寻求支撑点，呈现出独特的跳跃式空间形态，如铜川市。总之，西北地区中小城市形态结构的地域类型分化日趋明显，差异性大于相似性。

2. 城市形态结构松散趋势初现

20 世纪 90 年代中期以来，西北地区中小城市建成区面积普遍大幅度增长，且部分城市增速很快，其中开发区和新城的建设起了一定的作用。特别是 21 世纪以来，新区、新城开发现象不断增多，这些区域大多位于城市边缘区的内缘区，或离开中心市区较远而呈"飞地"形式布局。由于新区、新城基本还处于成型期，少数发展较早、条件较好的处于成长期，他们与母城及周边城镇的空间联系还比较薄弱，呈现出"农业用地→工业用地扩展期或居住用地扩展期→生活居住用地填充期"的空间变化过程，商业服务等配套设施较为落后，内部的布局较为零散，从而使西北地区中小城市整体的形态结构趋于松散。随城市用地规模扩展，城市形态也随之发生变化。以陕西北部新兴资源型城市榆林为例，外在形态方面，1990 年、1995 年、2006 年、2010 年、2017 年中心城区的紧凑度分别为 0.34、0.38、0.27、0.19、0.21，分维指数为 1.71、1.60、1.62、1.73、1.81。城市形态也由 20 世纪 80 年代东依驼山、西临渝溪河，南北走势、东西窄长呈刀币型的古城逐步演变为组团式的结构形式。而由于组团发展间的差异性，使得城市形态结构呈现松散趋势。

3. "虚多中心"现象显现

西北地区由于城镇密度低，地域内中小城市多数向上缺乏与特大城市及大城市的有机联系，向下对地域内乡镇的辐射能力不足，既少有东部地区"大中小城市连绵"的现象，又欠缺集聚和扩散的机制。但一些城市扩展的空间模式上却呈现出与我国东部大城市相似的"多中心"结构，还有一些单中心集聚发展的中小城市在确定城市空间发展战略时也试图扩大规模，将周边距中心城市半小时左右车程的县城纳入远期规划范围，形成"一城两区"或"一城多区"的空间模式。这种"多中心"模式不仅表现在单一城市中，也表现在城市地域中。初步归纳起来有四种：一是出现在矿业城市或有新区开发或工业园区建设的中小城市，如陕西铜川市、韩城市，宁夏石嘴山市、吴忠市，甘肃合作市等；二是出现在两个毗邻的中小城市或两个规模相似的小城市，如酒（酒泉）—嘉（嘉峪关）、奎（奎屯）—独（独山子）—乌（乌苏）等，由于毗邻，空间上相互吸引和靠近，相互影响和制约作用明显；三是出现在用地条件受到限制，向外跳跃发展的中小城市，如甘肃临夏市等；四是远期考虑与周边县城或城镇纳为一体的中小城市，如陕西商洛市、安康市等。由于缺乏多中心形成的推动力量、触发因素和媒介因素，西北地区中小城市空间扩展的多中心特征呈现出低密度、低强度的空间发展模式，这与西北地区地形复杂，可建设用地少，人口密度相对较低的现实相矛盾和冲突，只能是虚多中心现象。

2.2 西北地区城市形成发展条件分析

2.2.1 西北地区城市形成发展的地理条件

西北地区属暖温带、温带的干旱、半干旱地区，地域辽阔。地形、地貌、气候和水文等自然条件复杂多样，高原、山地、盆地为地表基本结构。区内能源、矿产资源丰富，水资源制约作用明显。平原地区河网稀疏，山地地区河网密度较高，山麓冲积－洪积扇水分条件相对较好，多形成绿洲农业。西北地区城市空间分布上较多依赖于河流、绿洲和资源富集区，绿洲、河流阶地及能源、矿产的储量和开采前景都对西北地区城市规模及其结构产生直接影响，如绿洲城市有乌鲁木齐、阿克苏、石河子等，河流沿岸城市有兰州、银川、嘉峪关等，依赖于石油、煤炭和有色金属资源形成的城市有克拉玛依、石嘴山、金昌等。

自然条件是西北地区中小城市形态结构分散和集中模式形成的基础条件。西北地区中小城市的规模、形态结构等受原生因素的影响要比东部平原地区大得多。其城市形态结构的多种类型都是受制于自然条件而逐步形成的，如河谷型城市，在早期呈现出单中心的不规则型，发展规模较大后多呈现出组团形态，随后为突破地域的强烈限制便发生了空间上的跳跃，由此产生了分散的形态特征。同时这些原生的自然条件也赋予了城市保留山水格局和文化资源的优势。西北地区资源丰富，加之三线建设的影响，使得资源型城市分布广泛，其形态特征也多具有典型性。矿业城市一般先有矿点后有城市，城区的位置大都选在多个矿点的中心位置以服务各矿区，城市建设速度较快，空间形态一般采用规整的方格网路网，呈集中片状，如金昌和克拉玛依；也出现了由于矿点分布较远形成的多中心分散的空间形态，如石嘴山、白银。随着城市化进程的加快，自然条件对西北地区中小城市形态结构的基础性影响逐渐向限制性影响过渡，成为很多城市空间发展的门槛，影响着其形态演变的方向、速度和结构。

2.2.2 西北地区中小城市经济发展现状

整体上讲，西北地区经济发展水平相对滞后，大多数中小城市地区生产总值相对较小。从西北地区内部来看，东部经济发展水平相对高于西部，省会城市和部分工业城市明显高于地理空间相对边缘化的其他城市。从经济增长速率来看，自21世纪以来，西北地区大部分城市经济增长速度较快，增长幅度较大。相比之下，甘肃省大部分城市经济增长率略低于西北其他省份中小城市（图2-1）。

从地级市人均地区生产总值及其变化情况来看，除克拉玛依、榆林、嘉峪关、石嘴山等市外，其他城市都相对较小。从各地级市近年来人均地区生产总值变化情况来看，逐步增长、起伏波动、基本稳定等情况均有存在（图2-2）。

从三次产业发展来看，西北地区大部分城市产值占比呈现出第二产业＞第三产业＞第一产业的结构。特别是宝鸡、榆林、克拉玛依、石嘴山等城市第二产业占比非常高（图2-3、图2-4）。

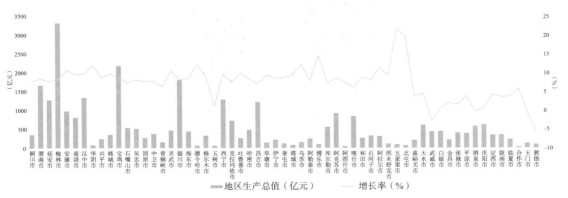

资料来源：据各城市 2017 年国民经济和社会发展统计公报等。

注：2012 年 12 月以来设市的城市，如韩城市（2012.05）、神木市（2017.04）、彬州市（2018.06）、玉树市（2013.07）、阿拉山口市（2012.12）、霍尔果斯市（2014.06）、北屯市（2011.12）、铁门关市（2012.12）、双河市（2014.01），未在图中纳入。

另外，宝鸡市、西宁市和银川市在此将其纳入，目的在于分析中等城市迈向大城市的增长特征。

图 2-1 西北地区中小城市经济发展水平比较

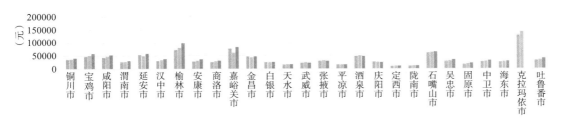

资料来源：据各城市国民经济和社会发展统计公报等。

图 2-2 2015—2017 年西北地区地级市人均地区生产总值变化

资料来源：据各城市国民经济和社会发展统计公报等。

图 2-3 2015—2017 年西北地区地级市三次产业构成

资料来源：据各城市国民经济和社会发展统计公报等。

图 2-4 2015—2017 年西北地区县级市三次产业构成

2.3 西北地区城市扩展边界特征

西北地区的区域产业类型相似性较大，以机械工业、化工工业、新材料、新能源和房地产业等为主。从不同时段的产业演变来看，第二产业整体呈现出从原材料加工逐渐向新能源、新材料等工业类型演变，第三产业类型变化相对较小。工业型城市往往将高新区、工业园区、开发区等布局在城市周边。对于具有多种职能类型的城市，其新增区域的职能与原有城市的职能有着紧密的关系。旅游型城市往往在旅游景区周边形成与旅游相关的商业、文化等设施的集聚，如敦煌南部的鸣沙山月牙湖景区周边形成一定规模的文化、商业等设施。矿产资源型城市新增区域往往围绕采矿点、能源产业等形成相应的功能集聚（图 2-5）。

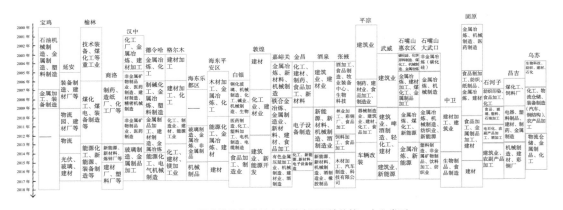

图 2-5 西北地区部分城市新增建设用地的第二产业类型

区域的大型商业设施、高等学校、政府机构、公园广场、体育场馆、文化场馆等发挥着较强的活力效应，产生了聚集人气的作用。多个城市的现状调研表明，中心城区建设用地边界向外部扩展的同时活力源效应呈现出不同的状态。边界区域的活力并非随城市空间扩展逐步提升，而是表现出小空间叠加、老城区联系的活力源效应大于大空间尺度中分散的活力源效应的特点（图 2-6）。

图 2-6 西北地区部分中心城市建设用地边界区域活力源

2.4 西北地区中小城市用地类型

从 2017 年西北地区部分中小城市各类用地比例来看，各城市之间差异较大。工业用地占比最高的城市是嘉峪关，达到 50.59%，占比最低的是武威，仅有 1.67%。居住用地占比最高的是格尔木，达到 43.06%，最低的是嘉峪关，为 11.81%。从城市实体边界区域增长的用地类型来看，多数中小城市增加用地类型主要为居住、工业和道路设施。宝鸡、德令哈、格尔木、海东、白银、嘉峪关、金昌、酒泉、石嘴山、石河子、乌苏等城市工业用地的扩展所引起的城市实体边界的扩展最为明显。延安、榆林、汉中、敦煌、海东、张掖、平凉等城市居住用地高比例所引起的城市实体边界的扩展较为明显（图 2-7）。

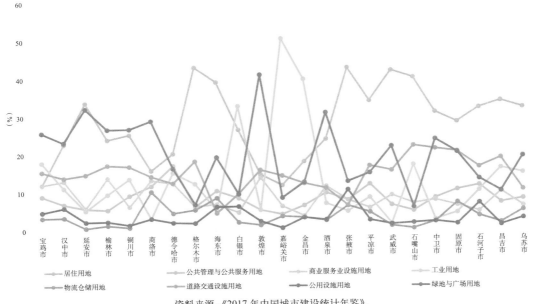

资料来源：《2017 年中国城市建设统计年鉴》。

图 2-7 2017 年西北地区部分中小城市各类用地比例

2.5 西北地区中小城市人口规模

2.5.1 西北地区中小城市全域人口规模

西北地区东部城市全域人口规模明显较大，特别是陕西省大部分地区和甘肃省陇东、陇中、陇南地区等。从人口增长速率来看，西北地区大部分城市人口增长速率差异较大，部分城市人口自然增长率较高，包括和田、格尔木、伊宁、固原等，也有一部分城市人口自然增长率出现负值，包括塔城、哈密、图木舒克、奎屯等（图2-8 ~ 图2-10）。

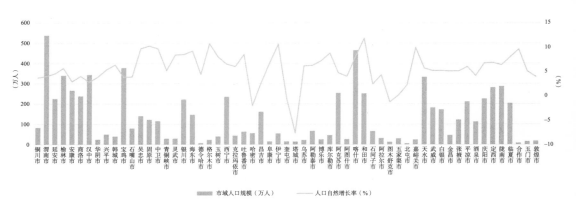

资料来源：各城市2017年国民经济和社会发展统计公报等。

注：2012年12月以来设市的城市，如韩城市（2012.05）、神木市（2017.04）、彬州市（2018.06）、玉树市（2013.07）、阿拉山口市（2012.12）、霍尔果斯市（2014.06）、北屯市（2011.12）、铁门关市（2012.12）、双河市（2014.01），未在图中纳入。

另外，宝鸡市、西宁市和银川市在此将其纳入，目的在于分析中等城市迈向大城市的增长特征。

图2-8 西北地区中小城市人口规模比较

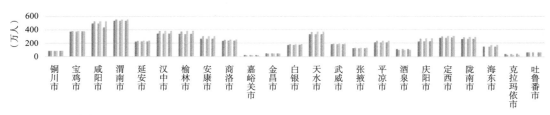

注：石嘴山市、吴忠市、固原市、中卫市缺常住人口数据。

图2-9 2015—2017年西北地区地级市常住人口和户籍人口变化

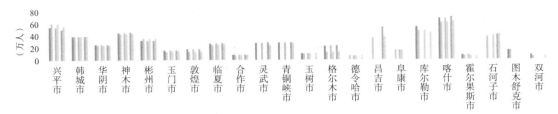

注：石嘴山市、哈密市、伊宁市、奎屯市、塔城市、乌苏市、阿勒泰市、博乐市、阿拉山口市、阿图什市、阿拉尔市、五家渠市、北屯市、铁门关市、可克达拉市、昆玉市人口数据不全，未在此图中对比。

图 2-10 2015—2017 年西北地区县级市常住人口和户籍人口变化

2.5.2 西北地区中小城市中心城区人口规模

西北地区中小城市中心城区人口规模的空间分布情况与全域人口的分布基本一致，规模差距较大，且规模较大的城市多集中在西北地区东部地区，城区常住人口的比重、人均建成区面积在城市间的差距也十分显著（表 2-3）。

2017 年西北地区部分中小城市城区人口及建成区面积   表 2-3

城市	城区人口（万人）	城区暂住人口（万人）	建成区面积（km²）	城市	城区人口（万人）	城区暂住人口（万人）	建成区面积（km²）
宝鸡	84.09	3.27	93.18	白银	37.24	6.99	67.25
延安	30.57	10.38	41.00	敦煌	9.31	2.37	15.01
汉中	42.02	2.37	44.29	海东	23.20	2.47	33.78
榆林	33.60	30.24	78.38	格尔木	12.89	0.87	35.83
商洛	23.85	0.38	26	德令哈	4.97	1.96	22.00
嘉峪关	20.63	1.20	70.40	石嘴山	37.39	4.56	102.80
金昌	15.80	3.10	43.70	固原	15.73	10.30	34.99
武威	33.89	0.33	33.56	中卫	17.93	0.88	32.00
张掖	24.31	0.39	43.50	昌吉	24.84	9.24	62.68
平凉	27.11	5.82	42.00	乌苏	7.91	2.18	23.35
酒泉	26.20	12.68	53.40	石河子	31.65	2.17	49.11

资料来源：《2017 年中国城市建设统计年鉴》。

3 西北地区中小城市空间增长特征分析

3.1 城市用地增长特征测度方法概述

城市用地增长的特征测度包括增长动态过程和增长阶段结果测度两个方面。其中增长动态过程测度又包括运动轨迹和运动方式测度，运动轨迹由速度大小和方向强弱决定，运动方式由增长方式类型决定。运动轨迹和运动方式两者结合可以实现对动态过程因子的模拟。增长阶段结果测度又包括外在的边界形态和内在的合理性测度，边界形态由增长边界的外在轮廓线决定，合理性由城市内在功能和结构的合理性评价决定，以此实现内外双向评价增长的阶段结果（图3-1）。只有通过增长动态过程和增长阶段结果的全面测度，才能系统地对城市空间增长特征进行评价。城市用地变化是城市用地增长研究的工作基础，增长速率及强度、方向性强度体现了城市用地增长的运动轨迹。增长方式体现着城市用地增长的运行方式，城市空间形态的紧凑度和分形维数变化是城市用地扩展的外在表现，是反映城市边界形态的重要参数。通过这些衡量指标的全面评价，才能全面、系统地总结城市增长的特征。

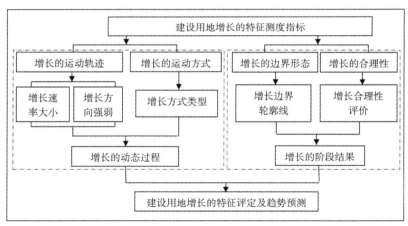

图3-1 测度指标分类

城镇化建设中的用地集约是我国众多城市当前面临的主要问题之一。21世纪以来，城市空间增长特征衡量指标研究的深度和广度不断拓展，特别是用地增长速度、方向、方式（模式）和空间形态等的研究方法逐渐得到了改进和提升。

3.1.1 城市用地增长速度的测度方法及其评价

用地增长速度测度方法有年均扩展（增长）速率、年均扩展（增长）强度、城市用地扩展（增长）综合指数等。

（1）年均扩展（增长）速率

年均扩展（增长）速率主要是某一城区在一定时段内建设用地的平均增长速度，也可以是单一土地利用类型在一定时段内的动态度。韩晨（2007）、周倩仪（2010）等通过应用该方法来反映城市增长运动的快慢。年均增长速率越大，建设用地增加越快。其公式为：

$$K=\frac{U_b-U_a}{U_a}\times\frac{1}{T}\times100\%$$

式中：K 为研究时期内年均空间增长速率；U_b 为研究期末建设用地的面积；U_a 为研究期初建设用地的面积；T 为研究时长。一般应用于研究一个或多个城市。

（2）年均扩展（增长）强度指数

年均扩展（增长）强度指数是在研究时期内的城市土地扩展面积占其土地总面积的百分比，体现城市用地扩展的强弱程度，用以比较分析不同时期城市土地扩展的快慢或强弱，是城市化过程中空间用地布局的具体反映。李书娟（2004）、吴铮争（2008）、周倩仪（2010）等开展了相关城市年均扩展强度分析。其测度公式为：

$$M=\Delta U\times100/(A\times T)$$

式中：ΔU 为某一研究时期的扩展面积变化；A 为分析区域总面积；T 为变化时间，以年为单位；M 的值就是该研究区年均扩展强度。该方法主要应用于分析区域总面积保持不变的情况。

（3）城市用地扩展（增长）综合指数

城市用地扩展（增长）综合指数是在城市原有用地面积统计的基础上，通过考虑研究区域用地面积大小探讨用地扩展的数量特征。李雪瑞（2010）、赖联泓（2014）综合考虑原有城市用地面积、城市用地扩展面积以及城市用地总面积等因素，分析城市用地扩展的数量变化。公式为：

$$U_C=\frac{\Delta U_t\times1000}{U_t\times\Delta t\times Z_t}$$

式中：ΔU_t 为某一研究时段内城市用地扩展面积；U_t 为研究初期的城市用地面积；Δt 为研究时长（一般以年为单位）；Z_t 为研究单元土地总面积。为改变数值过小造成的统计不便，因此引入系数为1000。该方法主要应用于研究初期城市用地面积、研究单元土地总面积和城市用地扩展面积共同作用下的扩展速率水平。

（4）城市用地增长速度测度方法的评价

从增长速率测度方法的自变量构成角度来看，不同方法对应的城市发展时段和城市用地范围不同。城市年均扩展强度是在研究区域总面积范围内测算建设用地增长的面积，属于增长面积的毛速度。城市年均增长速率是以研究期初建设用地的面积为参照，测算建设用地的增长面积，属于增长面积的净速度。城市用地扩展综合指数综合了研究区域总面积和研究期初建设用地的面积，也就是在研究初期城市用地面积、研究单元土地总面积和城市用地扩展面积共同约束下探讨扩展速率水平，其测算的建设用地增长面积属于双层范围约束下的增长速率测算。需要注意的是，以上部分指标中涉及研究区域总面积，该面积一般包括建设用地和部分非建设用地（图3-2）。

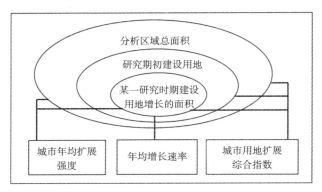

图3-2　用地增长速率测度方法比较

3.1.2　城市用地增长方向的测度指标及其评价

用地增长方向判断有质心及其迁移速率测算、缓冲区和方向扇区分析法等方法。

（1）质心及其迁移速率测算法

质心及其迁移速率测算方法分两步，第一步计算城市质心的位置，该质心是描述城市空间分布特征的重要指标之一。城市空间质心可通过对城市各地块的几何中心的坐标值加权平均求得。城市质心的位置是描述城市空间分布特征的重要指标之一，也是城市增长方向判断的基础。通过质心坐标的测算，每一座城市均可获得不同时期的质心点。第 t 年城市建设用地中心点坐标值的计算方法如下：

$$X_t = \frac{\sum (C_{ti} \times x_i)}{\sum C_{ti}}, \ Y_t = \frac{\sum (C_{ti} \times y_i)}{\sum C_{ti}}$$

式中，X_t、Y_t 为第 t 年城市建设用地中心点的坐标值；C_{ti} 为第 t 年 i 块城市建设用地图斑的面积；x_i、y_i 分别为第 t 年 i 块图斑质心所处坐标值。这一指标可通过对城市中各地块的几何中心的坐标值加权平均求得。该方法主要用于确定城市建设用地的质心位置。

第二步是测算质心迁移速率，刘诗苑（2009）、周倩仪（2010）认为该方法是质心在一定期间内迁移速率的统计，并求取其平均值，以获得各个城市质心迁移的方向，从而评价各个城市建设用地增长的过程差异性。公式为：

$$V_{ti+1-ti} = \frac{\sqrt{(x_{ti+1} - x_{ti})^2 + (y_{ti+1} - y_{ti})^2}}{(t_{ti+1} - t_{ti})}$$

式中，x、y 分别表示某期建设用地重心的 x、y 坐标；$t_{ti+1}-t_{ti}$ 为城市建设用地重心转移的时间间隔；$V_{ti+1-ti}$ 为在时间间隔为 $t_{ti+1}-t_{ti}$ 内的城市建设用地质心年迁移速率。该方法主要用于测算单位时间间隔内城市质心迁移的距离，适用于扩展方向较为清晰的城市研究。

（2）缓冲区和方向扇区分析法

缓冲区和方向扇区分析法，赖联泓（2014）借助于 GIS 缓冲区模型和东南西北方向性详细分割方法，分析不同时期城市用地扩展的空间分层、分向差异性特征，以此判断用地扩展的空间形态变化。在 ArcGIS 平台下，通过缓冲区分析、空间分析等技术，主要涉及扩展贡献率和方向扩展指数测算。其中，扩展贡献率公式为：

$$C = \frac{U_i}{U} \times 100\%$$

式中，U_i 指某空间方向在研究时段内城市用地扩展面积；U 指研究时段内城市用地扩展总面积。

方向扩展指数的公式为：

$$E = C \times \frac{\Delta U_t \times 10000}{U_t \times \Delta t \times Z_t}$$

式中，E 为方向扩展贡献率；C 为扩展贡献率，ΔU_t 为某一研究时段内城市用地扩展面积；U_t 为研究初期的城市用地面积；Δt 为研究时长（一般以年为单位）；Z_t 为研究单元土地总面积。为改变数值过小造成的统计不便，因此引入系数为 10000，综合评价城市用地扩展的空间分异情况。该方法主要用于测量不同圈层和不同方向扩展速率，适用于用地呈圈层结构扩展或扩展方向较不明晰的城市。

（3）城市用地增长方向测度指标的评价

从 GIS 平台测算过程的难易程度和获得的信息量来看，质心坐标测算及迁移速率方法仅需要生成质心坐标即可较便捷地计算得到质心迁移速率，而缓冲区和方向扇区分析法需要分别测算出不同圈层和不同方向的用地增长信息。前者比后者的操作略简单一些，后者可获得更加详实的增长方向信息。

基于此，对于个案城市进行增长方向测算时可以运用缓冲区分析法和方向扇区分析法，以获得详细的不同方向及圈层的增长量；对于多个城市进行增长方向测算时可使用质心及迁移速率的方法，以获得不同城市之间增长方向性强度的差异。

3.1.3 城市用地增长方式的测度指标及其评价

Leorey 等（1999）提出城市用地增长有紧凑、边缘（或多节点）和廊道三种类型。Roberto 等（2002）提出城市用地空间扩展包括填充、外延、沿交通线、蔓延和"卫星城"式等类型。武进结合我国城市用地形态演变方式，将城市空间扩展分为同心圆式连续扩展、沿主要交通线呈放射状扩展、低密度蔓延和跳跃式扩展四种类型。国内其他学者对城市用地增长类型给出了不同的描述，但是可以总结概括为填充型、外延型和跳跃型三种。

用地增长方式类型的识别方法有扩展指数、景观指数变化、城市扩展模块、凸壳原理法、景观扩张指数、拓扑关系方法等。这些方法中扩展指数、景观指数变化和拓扑关系方法仅实现了增长类型的数量表达，城市扩展模块、凸壳原理法和景观扩张指数实现了数量和空间的全面分析，有效地推动了城市增长方式研究的深度和广度。

（1）扩展指数方法

扩展指数方法可运用特征值法、自相似理论等构建模型（林炳耀，1998）。

（2）景观指数变化

Herold et al.（2002，2003）、Li&Yeh（2004）、Sudhira et al.（2004）、Weng（2007）等认为景观指数变化可以分析城镇建设用地扩展类型的变化特征。

（3）城市扩展模块

Hoffhine al.（2003）提出城市扩展模块（UGM），基于斑块尺度开发可识别多种城镇建设用地扩展类型和空间分布特征。

（4）凸壳原理法

刘纪远等（2003）运用几何学中的凸壳原理，绘制包含城市外围轮廓的最小凸多边形，以识别城市用地的扩展类型。由城市用地外围轮廓生成最小凸多边形，判断新增用地在该最小凸多边形内外的比例情况。其中，填充型扩展其新增用地主要分布于城市用地轮廓最小凸多边形的内部，外延型扩展则主要位于其外部。用于区分填充型和延伸型两种类型。

（5）拓扑关系方法

拓扑关系方法是基于拓扑关系来提取扩展用地与原有建设用地的公共边长，以此测算公共边长与增长斑块周长的比值。Xu et al.（2007）、程兰（2009）、刘桂林（2014）等开展了用地增长方式的评价。具体公式为：

$$S=L_C/P$$

式中，S 为拓扑关系指标；L_C 为公共边长；P 为新增建设用地的周长。通过获取新增建设用地与研究初期建设用地的公共边长，以及新增建设用地斑块的周长，进而计算两者之间的比值，以获知其扩展类型。当 $S=0$ 时，为跳跃式扩展；当 $0<S<0.5$ 时，为边缘增长型（或外延式）；当 $S>0.5$，则为填充型。该方法可以从数量上分析填充型、延伸型和跳跃型三种增长类型的面积变化。

（6）景观扩张指数

景观扩张指数（LEI）是采用景观斑块的最小包围盒判定扩张类型，常用于研究景观空间格局及其在两个或两个以上时相景观格局的动态变化过程，从而可以识别边缘式、填充式、飞地式三种扩张类型（刘小平，2009）。在遥感和 GIS 技术平台的支持下，运用覆盖景观斑块最小和最大坐标对应（x，y）的矩形，构成最小包围盒，直观地表现空间形式。当新增斑块为矩形时，需将最小包围盒放大一定倍数。由于城市用地斑块时常并非连片分布，所以应进一步采用面积加权平均斑块扩张指数进行计算。公式为：

$$LEI = \begin{cases} 100 \times \dfrac{A_0}{A_E - A_P} & （新增斑块不是矩形） \\[4mm] 100 \times \dfrac{A_{L0}}{A_{LE} - A_P} & （新增斑块是矩形） \end{cases}$$

式中，LEI 为景观扩张指数；A_E 为斑块的最小包围盒；A_P 为新增斑块面积；A_0 为最小包围盒中的原有斑块面积；A_{LE} 为斑块的放大包围盒；A_{L0} 为放大包围盒中的原有斑块面积。在此基础上，定义面积加权平均斑块扩张指数：

$$AWMEI = \sum_{i=1}^{n} LEI_i \times (\frac{a_i}{A})$$

式中，a_i 为某一新增斑块面积；A 为所有新增斑块总面积。

（7）用地增长方式测度指标的评价

近些年来研究中多采用凸壳原理法、拓扑关系方法和景观扩张指数法。其中，凸壳原理法是通过将复杂的面状目标、线状目标抽象为点或点集的方法，可以区分填充型和延伸型两种类型，但不能区分出跳跃型。拓扑关系方法可以用于区分出跳跃型、边缘增长型（或外延式）和填充型的增长方式。景观扩张指数是在遥感和 GIS 技术平台的支撑下采用景观斑块的最小包围盒判定扩张类型，能更为直观地表现空间形式，可以在城市增长方式深层研究中应用。

3.1.4　城市用地增长空间形态的测度指标及其评价

用地增长空间形态测算有形状率、圆形率、形态紧凑度、空间紧凑度指数、边界分形维数、景观格局指数等。分析城市用地增长空间形态衡量指标的演变过程，基本上是由简单衡量到详细衡量，由抽象几何形态比较到具体边界规整程度比较，体现了这一研究领域的发展过程。

（1）形状率

形状率是通过考证用地面积与用地最长轴的长度为边长的正方形面积比值，在一定程度上反映形状特征（Horton，1932）。公式为：

$$形状率 = A/L^2$$

式中，A 为用地面积；L 为用地最长轴的长度。当形状率为 1/2 时，用地形状为正方形；当形状率为 π/4 时，用地形状近似圆形。当形状率在 1/2 和 π/4 之间时，城市内部联系比较便捷。该方法仅考虑最长轴方向，尚未反映整体形态的不规则特征。

（2）圆形率

Miller（1963）、G S.（2000）、Liu Jiyuan（2003）、魏斌（2014）等指出，圆形率通常用于研究城市用地的离散程度，也多用于城市空间扩展研究，以此说明城市用地形态的离散情况，以及与圆形或方形形态的差异程度。公式为：

$$S = 4A/P^2$$

式中，S 表示圆形率；A 表示城市实体的面积；P 表示城市实体的周长。当圆形率值为 $1/\pi$ 时，城市实体呈现规则的圆形；当圆形率值为 1/4 时，城市实体呈现正方形；当圆形率值小于 1/4 时，数值越小则离散程度越大。该方法适用于近似圆形或方形形态连片分布的城市用地。

（3）形态紧凑度

Boyce R R（1964）、RCD（2000）、Batty（2001）、罗宏宇（2002）、Liu Jiyuan（2003）、王新生（2005）、郭腾云（2009）、赖联泓（2014）指出，形态紧凑度可用于研究城市实体的外围轮廓，说明城市用地紧凑性程度，以及与圆形形态的差异长度。公式为：

$$C = 2\sqrt{\pi A} / P$$

在该公式的基础上，考虑建设用地并非连片分布，将其进行改进。改进后的公式为：

$$D = \sum_{i=1}^{n} W_i \times 2 \times \frac{\sqrt{\pi A_i}}{P_i}$$

式中，W_i 为用地斑块的面积占城市用地总面积的比例；C 或 D 为城市实体的紧凑程度；A 为研究区域的面积；P 为研究区域的周长。根据形态紧凑度的研究规律，当形态紧凑度等于 1 时，城市形态呈圆形，城市最为紧凑；一般城市形态紧凑度均小于 1，其值越小，城市实体的离散程度就越大。改进后的公式对非连片分布的用地紧凑度评价较为适用。

（4）椭圆率指数

椭圆率指数以圆形作为标准度量单位，分析用地面积与椭圆长轴方向的特征（Stoddart，1966）。公式为：

$$椭圆率指数 = L / 2\{A / [\pi(L / 2)]\}$$

式中，A 为用地面积；L 为最长轴长度。当 $L=2r$ 时，其椭圆率指数为 1。尚未涉及椭圆形的短轴，未显示其他方面的特性。

（5）放射状指数

放射状指数也称城市形状指数，综合考虑了城市中心与各地段之间的具体联系，在城市时空位置变化中可比性较强（Boyce，1964）。公式为：

$$放射状指数 = \sum_{i=1}^{n} \left[(100d_i / \sum_{i=1}^{n} d_i) - (100 / n) \right]$$

式中，d_i 为城市中心到第 i 地段中心的距离；n 为地段数。该方法首先求出城市中心到各地段的总距离，然后与各地段中心的距离做比较，综合考虑各地段位置特征。

（6）伸延率

伸延率通过区域最长轴和最短轴长度测算，研究城市用地离散性程度（Webbity，1969）。公式为：

$$伸延率 = L/L'$$

式中，L 为区域最长轴长度；L' 为区域最短轴长度。若伸延率为 1，表示城市接近圆形。指标越大，城市离散程度越大。该方法适用于带状延伸城市。

（7）标准面积指数

标准面积指数运用集合运算法测度区域形状，将等边三角形作为标准形状，与真正的紧凑形状存在差异（Lee，1970）。公式为：

$$S = \frac{A \cap A_\mathrm{S}}{A \cup A_\mathrm{S}}$$

式中，S 为标准面积指数；A 为区域面积；A_S 为与区域面积相等的等边三角形面积；$\cap$ 和 $\cup$ 分别为集合运算中的交与并的数学符号。求出区域范围与标准等边三角形的交与并的面积，求取标准面积指数，其数值在 0～1 之间分布。指数越接近于 0，区域形状越破碎。该方法较适用于不同城市形状的比较。

（8）城市布局分散系数和城市布局紧凑度

城市布局分散系数和城市布局紧凑度采用自然度量方法，间接地反映城市建成区形状的部分特点（傅文伟，林炳耀，1998）。公式为：

城市布局分散系数（大于等于1）= 建成区范围面积 / 建成区用地面积

城市布局紧凑度（%）= 市区连片部分用地面积 / 建成区用地面积 × 100%

该方法与城市土地利用强度有关，未直接反映区域或城市的形状特征。

（9）边界分形维数

马荣华（2004）、赖联泓（2014）指出，边界分形维数采用景观生态学的斑块形状指数作为边界维数衡量用地的分形特征，考证建设用地外围轮廓形态规则整齐程度。结合景观生态学的斑块形状指数公式：

$$D = 2\ln(\frac{P}{4}) / \ln(A)$$

考虑建设用地并非连片分布，将以上公式进行改进。改进后的公式为：

$$D = \sum_{i=1}^{n} W_i \times \left[2\ln(\frac{P_i}{4}) / \ln(A_i) \right]$$

式中，D 为建设用地斑块的分形维数；P_i、A_i 分别为建设用地斑块的周长和面积；W_i 为第 i 个用地斑块占建设用地面积的比例。当该指标越接近于 1 时，表示对应的用地边界越接近于矩形，边界轮廓越规整。分形维度值越小，建设用地越规则整齐，土地越紧凑节约。该方法适用于接近矩形形态的城市用地。改进后的公式对非连片分布的边界轮廓评价较为适用。

（10）景观格局指数

余新晓（2006）、付博杰（2011）、刘桂林（2014）指出，景观格局指数一般表示景观要素斑块和其他土地斑块的类型、数目、空间分布及其配置模式。通常借助地理信息系统软件和景观格局分析方法，选取类别水平指数、景观水平指数、Shannon 多样性指数、Shanno 均匀度指数、优势度指数、破碎度指数、分形维数指数等进行分析。

（11）城市用地增长空间形态测度指标的评价

近些年城市用地增长空间形态研究中应用较多的方法有边界分形维数、景观格局指数等。分形维数方法将矩形作为参照规整形态，边界分形维数越接近于 1 时，表示对应的用地边界越接近于矩形，边界轮廓越规整，该方法能在一定程度上说明城市用地规整程度。需要注意的是，并非连片分布的城市用地才更具合理性，该方法在应用时需考虑边界轮廓的非连片分布的特征，经过面积加权平均改进后进行评价。景观格局指数通常借助地理信息系统软件和景观格局分析方法，选取类别水平、景观水平等多元指数进行分析，能够较为综合地判定用地形态的特征。

3.1.5　城市用地增长合理性的测度指标及其评价

城市用地增长合理性测度指标有城市用地增长效益、城市面积 - 人口弹性系数、异速生长模型、多因素综合评价模型、城市建设用地扩张适度规模、空间扩展弹性指标等，判断用地扩展的合理性和协调度。这些方法从城市整体评价细化为多因素综合评价，研究方法的科学性逐渐得到发展。

（1）城市用地增长效益

城市用地增长效益是指在整个城市范围内，城市用地在增长过程中的数量、分布、使用的安排对其经济、社会和文化各项活动的投入与产出之比的影响效果作用，以及对其环境的干扰作用，以考证城市经济水平与用地规模的相互关系（史晓云，2004）。在研究中多采用城市生产总值（以下简称"GDP"）与城市建设用地面积之比作为粗略衡量用地效益的表征方法。

（2）城市面积 - 人口弹性系数

城市面积 - 人口弹性系数是从城市整体层面，通过运用城市用地增长速度与城市人口增长速度之间的关系，描述城市用地发展的合理性（王立言，2014）。公式为：

$$R(i) = A(i) / Pop(i)$$

式中，$R(i)$ 为城市面积 - 人口弹性系数；$A(i)$ 为建设用地年均增长率；$Pop(i)$ 为市区人口年均增长率。该方法通过分析人均城市建设用地增长率，探讨用地合理性。

（3）异速生长模型

异速生长模型将生物异速生长规律引入城市用地增长规模与人口的关系研究中，通过拟合数学模型，探索异速生长阶段和特征（王立言，2014）。公式为：

$$A = aP^b$$

式中，A 为城市建设用地占地面积；P 为城区的人口数量；a、b 为常系数。异速生长特征由常系数 b 的大小决定。当 b 为 0.9 时，城市人口和城市建设用地规模增长速率相同；b 小于 0.9 时，为负异速生长阶段；b 大于 0.9 时，为正异速生长阶段。该方法的应用条件是拟合优度较高，且需通过置信水平为 0.01 的显著性检验。

（4）基于熵值法的多因素综合评价模型

黄金荣（2009）、周志武（2012）提出基于熵值法的多因素综合评价模型是通过选择影响评价单元的因子，确定其适宜的量化模式以实现评价目标。按照评价的目标和原则，通过量化计算因子指标及其权重实现综合评价。公式为：

$$F = \sum_{i=1}^{n} A_i \times W_i$$

式中，F 为该综合评价指数；A_i 为第 i 项因子标准化值；W_i 为熵值法确定的第 i 项因子的权重。该方法在评价中需要科学选择多因子。

（5）基于成本 - 效益分析的城市建设用地扩张适度规模

史晓云（2004）、周志武（2012）提出基于成本 - 效益分析的城市建设用地扩张适度规模，该方法运用成本 - 收益理论的思路，确立最大化城市经济效益情况下的城市用地的适度规模。公式为：

$$P = E(S) - C(S)$$

式中，P 为城市总盈利；$E(S)$、$C(S)$ 分别为效益和成本的函数；S 为土地规模。其中，城市成本选择保证城市社会经济正常运转所需的支出指标，城市收益选择城市所获得的收入指标。该方法假设作为社会经济运行的特定子系统经济利益最大化，且城市的资本、土地和人口都满足均质分布。

（6）城市用地增长合理性测度指标的评价

这些方法从城市整体评价逐渐转变为多因素综合评价，研究方法的科学性逐渐得到发展。城市用地增长效益通过考证城市经济水平与用地规模的相互关系判断增长合理性，在实际操作中由于 GDP 按行政区划统计，与城市建设用地面积并不一定一致，导致这一方法的准确性受到影响；城市面积 - 人口弹性系数仅从城市整体层面考证用地增长合理性的整体概况；异速生长模型应用条件是拟合优度较高，且需通过置信水平为 0.01 的显著性检验；基于熵值法的多因素综合评价模型需要科学选择多因子，熵值法获取权重，用以计算结果；基于成本 - 效益分析的城市建设用地扩张适度规模以社会经济运行的特定子系统经济利益最大化为假定前提，且在城市的资本、土地和人口都满足均质分布的情况下，城市成本选择能保证城市社会经济正常运转所需的支出指标，收益选择城市所获得的收入指标。

3.1.6　城市用地增长的测度方法选择

以上对城市用地的增长速度、方向、方式、空间形态、合理性等研究指标做了系统的时间推演和体系建构。但是在具体城市增长特征研究中，需要依据不同方法的适用性来选择并建立该城市用地增长的衡量指标体系。

在这五个方面的研究指标中，增长速度测算方法选择的关键在于是否确立研究区域总面积这一自变量，增长方式多种方法选择的主要依据是确定用地研究目的和可操作的技术平台，增长合理性多种方法选择的条件是拥有对应方法需要的基础数据。

因为城市用地的增长是在城市布局形态的平面基础上生长的动态过程，城市布局形态也因城市用地增长而发生改变，所以增长方向和增长边界形态分别与城市空间布局形态之间有着密切的相互联系。为了更加准确地研究增长方向和边界形态，可以根据不同的城市空间布局形态选定更为契合的增长方向和增长边界形态衡量方法。其中，增长方向指标衡量中，质心坐标测算及迁移速率方法更适用于带状、组团状布局的城市，这些城市用地增长方向较为明显，质心迁移距离也较为明显，能够有效地识别增长方向特征。缓冲区和方向扇区分析法适用于环形放射状、网格状等集中式布局的城市和环形、指状、卫星状等分散式布局的城市，这些城市只有通过分层和分方向测算增量，才能获得较为明显的方向特征。而增长边界形态指标衡量中，网格状城市更适合选用形状率和边界分形维数，环形放射状城市更适合选用圆形率、形态紧凑度和椭圆率指数，星状城市更适合选用放射形指数，带状城市更适合选用伸延率，组团状、卫星状、多中心与组群城市适合选用城市布局分散系数和城市布局紧凑度等（表 3-1）。

城市增长方向和边界形态指标空间适用范围评价　　　　表 3-1

城市空间布局形态	增长方向		增长边界形态									
	质心及其迁移速率测算法	缓冲区和方向扇区分析法	形状率	圆形率	形态紧凑度	椭圆率指数	放射状指数	延伸率	标准面积指数	城市布局分散系数和城市布局紧凑度	边界分形维数	景观格局指数
网格状	×	√	√	○	○	○	×	×	×	×	√	√
环形放射状	×	√	○	√	√	√	○	×	×	×	○	√
组团状	√	×	○	○	○	○	○	×	×	√	×	√
带状	√	×	×	×	×	×	×	√	×	○	×	√
星状	○	√	×	×	×	×	√	×	×	×	×	√
环状	×	○	×	×	×	×	×	×	×	×	×	√
卫星状	○	√	○	○	○	○	○	×	×	√	○	√
多中心组群城市	○	√	○	○	○	○	○	×	×	√	○	√

注：√为适用方法；○为有条件适用方法；×为不适用方法。

在以上认识的基础上，由于本次西北中小城市研究对象的数量较多，数据分析工作量较大，且为了获得各个城市之间的差异性和一致性，权衡之下确定适合的衡量方法。城市用地增长速度的测算主要运用年均增长速率和年均扩展强度法；城市用地增长方向的测算主要运用质心及其迁移速率测算法，并进一步补充年均方向性强度指数方法；城市用地增长方式的测算主要运用拓扑关系方法；城市用地增长空间形态的测算主要运用分形维数方法评价形态规整程度，运用形态紧凑度方法评价形态紧凑程度。

3.2　遥感数据选择、获取及处理过程

3.2.1　遥感影像数据选择

近 50 年来，全球已经形成了美国 Landsat 陆地卫星、法国 SPOT 民用遥感卫星系列、

美国 IKONOS、日本的 MOS-JERS-DEOS 卫星系列、加拿大的 IRS 卫星系列和欧空局的 ERS 系列等。遥感影像在空间分辨率、光谱分辨率和时间分辨率三个方面逐渐成熟，形成高、中、低轨道结合，大、小、微型卫星协同，粗、精、细分辨率互补的遥感网络，遥感影像逐渐成为城市土地研究的主要数据来源。

经过多种数据来源比较，较具有可行、可获取、可研究的是 Landsat 陆地卫星遥感影像数据，主要采用 Landsat-5 和 Landsat-8 影像。其中，Landsat-5 卫星是美国陆地卫星系列中的第五颗。Landsat-5 卫星于 1984 年 3 月发射升空，它是一颗光学对地观测卫星，有效载荷为专题制图仪（TM）和多光谱成像仪（MSS）。Landsat-5 卫星所获得的图像是迄今为止在全球应用最为广泛、成效最为显著的地球资源卫星遥感信息源。Landsat-8 卫星于 2013 年 2 月 11 日发射，是美国陆地探测卫星系列的后续卫星。Landsat-8 卫星装备有陆地成像仪（Operational Land Imager，简称"OLI"）和热红外传感器（Thermal Infrared Sensor，简称"TIRS"）。OLI 被动感应地表反射的太阳辐射和散发的热辐射，有 9 个波段的感应器，覆盖了从红外到可见光的不同波长范围。

另外，辅助运用城市 Google Earth 高分辨率历史影像、大部分城市用地的实地调研资料以及大比例尺地形图、部分城市总体规划等。

3.2.2 遥感影像数据提取

本次数据主要来源于"地理空间数据云"（http://www.gscloud.cn/search），这里所使用的数据集主要包括 Landsat4-5 TM 卫星数字产品（2000、2005、2010 年）和 Landsat8 OLI_TRIS 卫星数字产品（2015 年）。通过选择和整理 2000、2005、2010、2015 年四个时段的 30 米分辨率数据，形成 2000—2005、2005—2010、2010—2015 年三个时段变化，分析西北地区中小城市空间增长变迁过程。

遥感影像的预处理是首要的技术环节，主要包括图像的投影转换、大气校正、几何校正、影像融合、影像镶嵌、影像裁剪和影像增强等。遥感影像中建设用地的提取包括目视解译方法、灰度分割法、归一化建筑指数（NDBI）法、监督分类方法、非监督分类方法、BP 人工神经网络分类法等。

研究范围为现行城市总体规划确定的中心城区范围内的建设用地，以城乡居民点建设用地为主，涵盖大部分区域交通设施用地和区域公用设施用地。以此为界衡量各个城市的综合建设情况。

在影像预处理中采用 RGB 合成实现图像增强处理，在建设用地人工目视解译中，以 Landsat 影像为基础底图，将城市 Google Earth 高分辨率历史影像或实地调研图纸通过多点标示性地物配准，同时使用大比例尺地形图和部分城市总体规划为辅助资料。由于个别城市个别时间点的原影像数据缺失或其大气校正难度较大，这里采用临近年份的数据预推得到，以保证基础数据在时间分布上的完整性。

从遥感影像波谱特性分析，城市建设用地在遥感影像中具有以下特征：

（1）城市建设用地表面内光谱特性相同。城市建筑物、道路、广场等一般为硬质铺装，与周边农业生产区及水域等有明显的光谱特性差异。

（2）城区的影像灰度变化一般较为明显。城市内部建筑物边界及不同建筑物连接处的灰度变化较大，因此相邻像素之间的灰度变化显著。而城市周围一般是农田、空地和分散的村镇房屋，它们在遥感影像上的灰度分布比较平稳。当然，在城市内部也存在一定的空地、水域等，它们的灰度分布也是比较平稳的。

（3）城区内部影像的纹理较为整齐和规律。在大部分城市区域中，居住区内建筑物分布一般比较整齐，走向基本一致，相邻轮廓线之间常常是垂直的，所以呈现出的影像纹理较为规则。

3.2.3　遥感影像提取结果的精度检验

遥感影像提取的精度直接决定了数据研究的价值，该精度是指遥感影像提取图像中像元被正确分类的程度。遥感数据提取结果的精度含三个方面：位置精度、类型精度和数量精度。位置精度（也称定位精度）是指提取结果与标准参考图上对应图斑在空间坐标上的位置差异程度，由于选择的遥感数据经过几何校正，所以提取的结果基本不存在位置差异；类型精度（也称定性精度）是指图像提取的地类类型与实际土地类型相比较的正确程度；数量精度（也称定量精度）是指分类结果中某一性质用地的数量与该用地实际数量的邻近程度。

在此研究过程中，首先需要对遥感影像提取结果与该城市测绘地形图或城市总体规划进行类型精度和数量精度分析，如果该数值大于80%以上，则该提取结果有效，若该数值小于等于80%，则其结果为无效结果，需要补充其他相关数据，然后重新提取。本研究利用 ENVI4.5 软件的 Confusion Matrix 工具对遥感影像的分类结果进行精度检验，得到混淆矩阵、总分类精度和 Kappa 指数等精度指标。

3.3　西北地区中小城市用地增长的衡量指标类型划分

3.3.1　西北地区中小城市用地增长的研究对象、时空范围及历程

西北中小城市中，新疆维吾尔自治区的霍尔果斯市、阿拉山口市、铁门关市、双河市、神木市、彬州市等设市时间较晚，研究时段内不完全属于中小城市范畴。咸阳市考虑到西咸一体化发展的作用也不纳入研究范畴。宝鸡市近几年城区人口已超过100万，但在研究时段内基本属于中等城市，纳入研究范围。另外，石嘴山市的大武口区和惠农区相对空间距离较远且用地规模均较大，这里按两个城区考虑，其他含有两个或两个以上城区的城市以主城区研究为主。综上本次研究的城区数目为60座。

各个城区的空间范围以现行城市总体规划确定的中心城区范围为准，包含城市建设用地，并涵盖大部分区域交通设施和区域公用设施用地，以此衡量各个城市的综合建设情况。

研究中每座城市包括 2000、2005、2010 和 2015 年 4 个时相数据，由此形成 2000—2005、2005—2010、2010—2015 年三个时段变化。

在影像预处理中采用 RGB 合成实现图像增强处理，在建设用地人工目视解译中，以 Landsat 影像为基础底图，将城市 Google Earth 高分辨率历史影像或实地调研图纸通过多点标示性地物配准，同时使用大比例尺地形图和部分城市总体规划为辅助资料，以确保提取边界的准确性达到 80% 以上。由于个别城市个别时间点的原影像数据缺失或其大气校正难度较大，这里采用临近年份的数据预推得到。经过以上提取和检验过程，得到以下西北中小城市用地增长历程（图 3-3）。

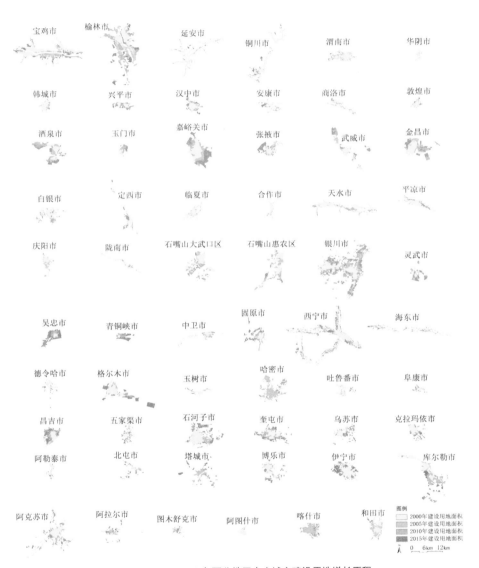

图 3-3　2000—2015 年西北地区中小城市建设用地增长历程

在此基础上，分析城市用地增长的数量、速率及强度、方向性、方式、边界形态等类型变化及其特征，有利于指导城市在快速的城镇化过程中合理制定城市特有的增长模式并分析其驱动机制，从而使城市能够健康有序理性地发展。

3.3.2 西北地区中小城市中心城区空间增长量的层级分类

从 2000、2005、2010、2015 年西北中小城市建设用地规模来看，基本上所有城市均趋于增长态势，其中榆林、石嘴山、银川、咸阳、渭南、克拉玛依、库尔勒扩展速度较快。嘉峪关和石嘴山因工业用地的大幅度增加，表现出产业用地规模化扩充的基本特征（图 3-4）。

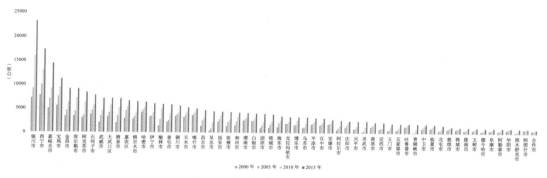

图 3-4　各时相建设用地面积柱状图

西北地区中小城市 2000—2005、2005—2010、2010—2015 年三个时段的用地增长量表现出以下几方面的特征：一方面，在 2000 年用地规模相近的城市中，建设用地的增长量存在明显的差异性，如石河子与吴忠、天水与阿拉尔、伊宁与海东、喀什与玉门等增长差异明显，由此说明规模相近城市的用地增长的动力机制存在明显区别；另一方面，西北中小城市用地增长量的差异化幅度较大。用地增长量较大的城市，在三个五年时段内平均增长规模大于等于 2500 公顷，如西宁、银川、石嘴山、嘉峪关等，而用地增长量较小的城市，在三个五年时段内增长规模小于等于 200 公顷，如玉门、定西、灵武、吴忠、青铜峡等。可见西北中小城市用地增长量差异明显，城市之间增长动力高低差异较大（图 3-5）。

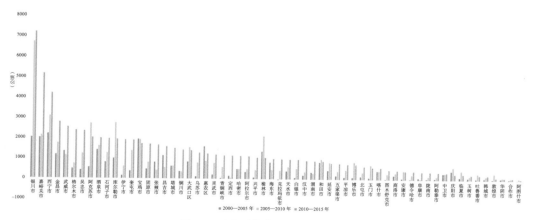

图 3-5　不同时段建设用地增长量比较

综合考虑城市用地增长量的层级关系，可以将西北中小城市划分为高增量（大于等于2500公顷）、中增量、低增量（小于等于200公顷）三种类型（表3-2）。

城市平均建设用地增长量的分类　　　　　　　　　　　　　　　　表3-2

类型	数目	城市
高增量	3	西宁、银川、嘉峪关
中增量	47	铜川、渭南、延安、榆林、安康、商洛、汉中、兴平、宝鸡、天水、武威、白银、金昌、张掖、平凉、酒泉、庆阳、定西、临夏、玉门、吴忠、固原、中卫、青铜峡、灵武、大武口、惠农、海东、德令哈、格尔木、克拉玛依、哈密、昌吉、伊宁、奎屯、塔城、乌苏、博乐、库尔勒、阿克苏、喀什、和田、石河子、阿拉尔、图木舒克、五家渠、北屯
低增量	10	韩城、华阴、敦煌、陇南、玉树、合作、吐鲁番、阿勒泰、阜康、阿图什

3.3.3　增长速率及强度的指标分类

随着经济快速发展和城镇化的不断深化，西北五省中小城市建设用地面积不断扩张，但由于地理位置的差别、社会经济的发展水平和城市规划引导不同，各城市的年扩展速率和扩展强度方面存在比较明显的差异。研究选用年均增长速率和年均扩展强度指数两种方法，测算2000—2005、2005—2010、2010—2015年三个时段西北中小城市建设用地增长的速率。

1. 年均增长速率法

年均增长速率的测算中，西北中小城市表现出以下特征：一方面，2000年用地规模较小的城市，其用地增长速率大多波动性较大，从一定程度上说明这些城市增长的动力过程尚不具备持续性；另一方面，高增长量的城市（三个五年时段内平均增长规模大于等于2500公顷），如西宁、银川、石嘴山、嘉峪关等，不同时段的增长速率趋近于平均值；而低增长量的城市（三个五年时段内平均增长规模小于等于200公顷），如玉门、定西、灵武、吴忠、青铜峡等，增长速率在三个时段内时而较高，时而较低，波动性较为明显（图3-6）。

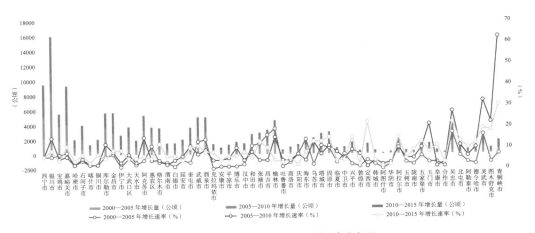

图3-6　各时段建设用地增长量及其速率分布图

在城市用地增长规模层级划分的基础上，进一步采用波士顿矩阵分析方法，通过西北中小城市用地平均增长量与平均增长速率的象限分析，可以划分为六个象限。西北地区中小城市主要存在高增量低增速（如嘉峪关）、中增量高速率（如吴忠）、中增量低速率（如渭南、榆林、汉中）、低增量低增速（如华阴）四种增长类型（图3-7、表3-3）。

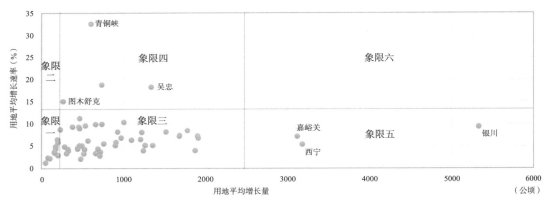

图3-7　中小城市用地增长速率的象限分布

城市平均建设用地增长速率的分类　　　　　　　　表3-3

类型	数目	城市
高增量低速率	3	西宁、银川、嘉峪关
中增量高速率	4	青铜峡、灵武、吴忠、图木舒克
中增量低速率	43	铜川、渭南、延安、榆林、安康、商洛、汉中、兴平、宝鸡、天水、武威、白银、金昌、张掖、平凉、酒泉、庆阳、定西、临夏、玉门、固原、中卫、大武口、惠农、海东、德令哈、格尔木、克拉玛依、哈密、昌吉、伊宁、奎屯、塔城、乌苏、博乐、库尔勒、阿克苏、喀什、和田、石河子、阿拉尔、五家渠、北屯
低增量低增速	10	韩城、华阴、敦煌、陇南、玉树、合作、吐鲁番、阿勒泰、阜康、阿图什

2. 年均扩展强度法

在平均扩展强度的测算中，以2015年城市建设用地面积作为分析区域总面积，并作为研究末期的用地面积。将西北中小城市的年均扩展强度按三个时段平均增长量由大到小排序，可以看出宝鸡、和田、喀什、中卫、华阴等城市的标准差数值较小，说明其用地的扩展强度在三个研究时段内较为接近，城市扩张强度较为均衡、稳定；部分城市如吴忠、青铜峡、灵武、兴平、定西、图木舒克等城市的标准差数值较大，说明其用地的扩展强度在三个时段内高低差异明显（图3-8）。

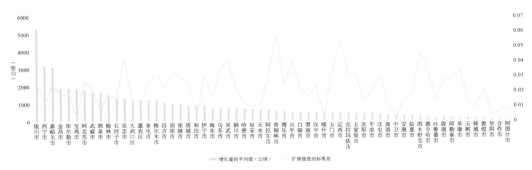

图 3-8　建设用地的平均增长量与扩展强度标准差的分布图

　　西北中小城市空间扩展强度在 2000—2005、2005—2010 年和 2010—2015 年三个时期内差异性显著。经过各个城市用地平均增长量与平均扩展强度的象限分析，可以划分为高增量高强度（如嘉峪关）、高增量低强度（如西宁）、中增量高强度（如榆林）、中增量低强度（如渭南、汉中）、低增量低强度（如华阴）五种类型。整体来看，省会和部分工矿型城市空间扩展强度较大，处于高强度增长期（图 3-9、表 3-4）。

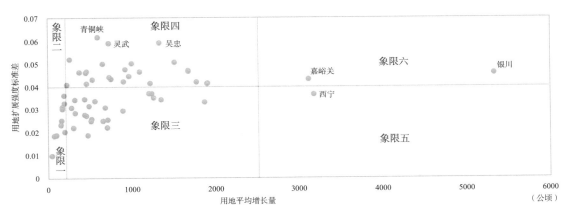

图 3-9　西北中小城市用地扩展强度的象限分布

城市平均建设用地增长速率的分类　　　　　　　　　表 3-4

类型	数目	城市
高增量高强度	2	银川、嘉峪关
高增量低强度	1	西宁
中增量高强度	25	德令哈、库尔勒、定西、奎屯、金昌、阿克苏、和田、兴平、海东、乌苏、张掖、五家渠、北屯、昌吉、玉门、武威、酒泉、阿拉尔、塔城、固原、榆林、图木舒克、青铜峡、灵武、吴忠
中增量低强度	22	铜川、渭南、延安、安康、商洛、汉中、宝鸡、天水、白银、平凉、庆阳、临夏、中卫、大武口、惠农、格尔木、克拉玛依、哈密、伊宁、博乐、喀什、石河子
低增量低强度	10	韩城、华阴、敦煌、陇南、玉树、合作、吐鲁番、阿勒泰、阜康、阿图什

3.3.4　增长方向性强度的指标分类

考虑测算过程的快捷性和结果的可对比性，这里运用质心测算和质心迁移速率方法来深入分析西北地区中小城市增长方向的特征。同时，考虑到城市间建设用地规模差异较大，研究进一步提出年均方向性强度指数方法，该指数主要是研究某城市在一定时期内用地的平均增长方向性强弱程度。年均方向性指数越大，方向性强度越明显。其公式为：

$$F = \frac{10000 \times V_{ti+1-ti}}{U_a}$$

式中：$V_{ti+1-ti}$ 为在时间间隔为 $t_{i+1}-t_i$ 内的城市建设用地质心年迁移速率；U_a 为研究期初建设用地的面积；t 为研究时段长。

从 2000—2005、2005—2010、2010—2015 年三个时段西北中小城市用地增长方向性强弱的分布可以看出，部分城市包括阿克苏、阿拉尔、宝鸡、大武口、格尔木、库尔勒、张掖、吴忠等在 15 年的研究时段内仅在一个时段表现出较强的方向性，主要体现在跳出老城建设新城或产业园区。武威较为特别，在研究时段内持续表现出较强的方向性（图 3-10）。

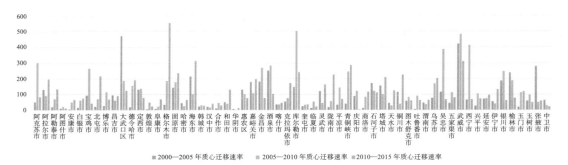

图 3-10　西北中小城市用地增长方向性强度的柱状图

从西北中小城市用地平均增长量与平均方向性强度的分布中，可以看出方向性强度较大的城市主要为用地增长量较大的城市，其中省会城市的平均方向性强度处于中高层级，而武威、库尔勒、大武口、格尔木等城市的平均方向性强度明显偏高（图 3-11）。

经过西北中小城市用地平均增长量与平均增长方向性强度的象限分析，可以划分为高增量低方向性（如嘉峪关）、中增量高方向性（如武威）、中增量低方向性（如渭南、榆林、汉中）、低增量低方向性（如华阴）四种类型（图 3-12、表 3-5）。

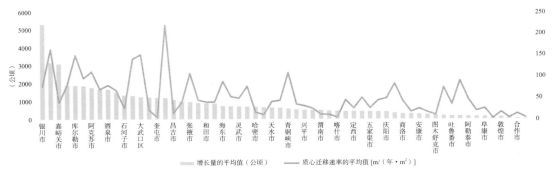

图 3-11 西北中小城市用地平均增长量与平均方向性强度的分布图

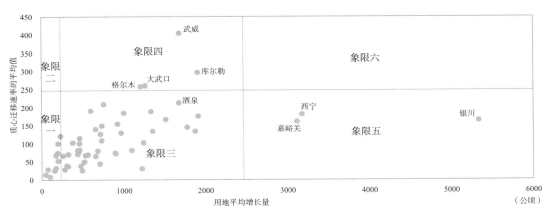

图 3-12 西北中小城市用地增长方向性强度的象限分布

城市平均建设用地增长速率的分类　　　　　　　　　　表 3-5

类型	数目	城市
高增量低方向性	3	西宁、银川、嘉峪关
中增量高方向性	4	武威、库尔勒、大武口、格尔木
中增量低方向性	43	铜川、渭南、延安、榆林、安康、商洛、汉中、兴平、宝鸡、天水、白银、金昌、张掖、平凉、酒泉、庆阳、定西、临夏、玉门、固原、中卫、惠农、青铜峡、灵武、吴忠、海东、德令哈、克拉玛依、哈密、昌吉、伊宁、奎屯、塔城、乌苏、博乐、阿克苏、喀什、和田、石河子、阿拉尔、五家渠、北屯、图木舒克
低增量低方向性	10	韩城、华阴、敦煌、陇南、玉树、合作、吐鲁番、阿勒泰、阜康、阿图什

3.3.5 增长方式的指标分类

考虑在 GIS 平台上的可测量和可操作性，研究采用拓扑关系方法判别城市用地增长的方式。通过拓扑关系测算，西北中小城市用地增长方式的平均分布区间基本为 0.22-0.53。从中可以看出西北中小城市没有完全意义上的边缘增长型、填充型或跳跃型增长，基本上大多数城市具备了三种增长方式中的两种，其中基本具备了边缘增长型的特征。因此，本次研究仅划分边缘增长型和趋向于填充型两种（图 3-13）。

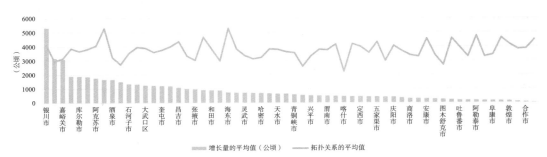

图 3-13 西北中小城市用地增长方式拓扑关系的折线图

经过 2000—2005、2005—2010、2010—2015 年三个时段西北中小城市用地增长量与增长方式的象限分析，可以划分为高增量边缘增长型（如嘉峪关）、中增量填充型（如武威）、中增量边缘增长型（如榆中、渭南、汉中）、低增量边缘增长型（如华阴）四种类型（图 3-14、表 3-6）。

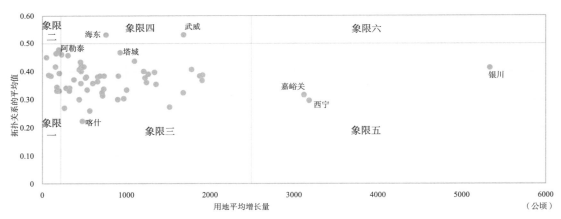

图 3-14 西北中小城市用地增长方式的象限分布

城市平均建设用地增长方式的分类 表 3-6

类型	数目	城市
高增量边缘增长型	3	西宁、银川、嘉峪关
中增量填充型	2	武威、海东
中增量边缘增长型	45	铜川、渭南、延安、榆林、安康、商洛、汉中、兴平、宝鸡、天水、白银、金昌、张掖、平凉、酒泉、庆阳、定西、临夏、玉门、固原、中卫、大武口、惠农、青铜峡、灵武、吴忠、德令哈、格尔木、克拉玛依、哈密、昌吉、伊宁、奎屯、塔城、乌苏、博乐、阿克苏、喀什、和田、石河子、阿拉尔、五家渠、北屯、图木舒克、库尔勒
低增量边缘增长型	10	韩城、华阴、敦煌、陇南、玉树、合作、吐鲁番、阿勒泰、阜康、阿图什

3.3.6 增长边界形态规整程度及紧凑程度的指标分类

1.增长边界形态的规整程度指标分类

在西北中小城市边界形态规整程度的评价中，采用分形维数方法可以对边界轮廓规整化趋势做以科学评价。通过测算 2000、2005、2010、2015 年四个时间节点的分形维数值和平均值比较，可以看出大多数城市持续处于非规整状态，如吐鲁番、敦煌、喀什、延安等；个别城市基本接近于规整或规整趋势较为显著，如克拉玛依、大武口、兴平、吴忠等（图 3-15）。

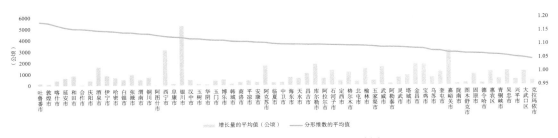

图 3-15 西北中小城市用地增长边界形态的折线图

经过西北中小城市用地增长量与增长边界形态规整程度的象限分析，在增长量分级的基础上，将边界形态规整程度划分为规整（小于等于 1.1）和非规整（大于 1.1）。由此可以划分为高增量非规整（如西宁）、高增量规整（如嘉峪关）、中增量非规整（如渭南、汉中）、中增量规整（如榆林、武威）、低增量非规整（如华阴）、低增量规整（如阿勒泰）六种类型（图 3-16、表 3-7）。

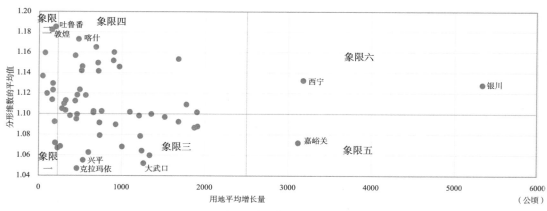

图 3-16 西北中小城市用地增长边界形态的象限分布

城市建设用地平均增长的边界形态规整程度的分类　　　　表 3-7

类型	数目	城市
高增量非规整	2	西宁、银川
高增量规整	1	嘉峪关
中增量非规整	27	喀什、延安、和田、庆阳、酒泉、伊宁、哈密、白银、张掖、渭南、铜川、汉中、玉门、博乐、商洛、平凉、安康、阿克苏、临夏、中卫、海东、天水、昌吉、库尔勒、阿拉尔、石河子、定西
中增量规整	20	榆林、兴平、固原、惠农、青铜峡、克拉玛依、奎屯、图木舒克、吴忠、武威、塔城、五家渠、北屯、灵武、格尔木、乌苏、德令哈、大武口、宝鸡、金昌
低增量非规整	8	吐鲁番、敦煌、合作、阿图什、阜康、玉树、华阴、韩城
低增量规整	2	陇南、阿勒泰

2. 增长边界形态的紧凑程度指标分类

在西北中小城市边界形态紧凑程度的评价中，采用了形态紧凑度方法。研究选用Batty（2001）形态紧凑度计算方法，通过统计计算西北中心城市各时期建设用地面积和周长，获得不同时期各个城市形态紧凑度变化的过程特征。紧凑度指数在 0 到 1 之间变化，指数越大越表明其形态具有紧凑性；反之，紧凑度指数越小则紧凑性越差。

西北中小城市在 2000—2015 年城市扩张过程中，紧凑度整体呈现下降趋势（图 3-17 ~ 图 3-21）。

经过西北中小城市用地增长量与增长边界形态紧凑程度的象限分析，在增长量分级的基础上，将边界形态紧凑程度划分为较紧凑（大于等于 0.5）和非紧凑（小于 0.5）。由此可以划分为高增量较紧凑（如西宁）、高增量非紧凑（如嘉峪关）、中增量较紧凑（如渭南）、中增量非紧凑（如榆林、汉中）、低增量非紧凑（如阿勒泰）五种类型（图 3-22、表 3-8）。

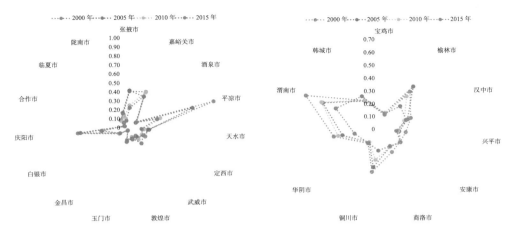

图 3-17　甘肃中小城市紧凑度变化图

图 3-18　陕西中小城市紧凑度变化图

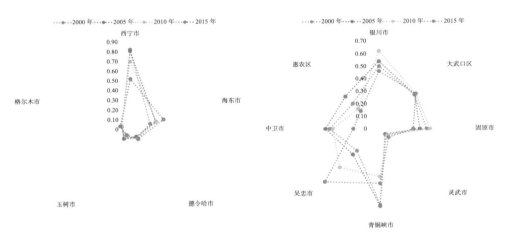

图 3-19　青海中小城市紧凑度变化图

图 3-20　宁夏中小城市紧凑度变化图

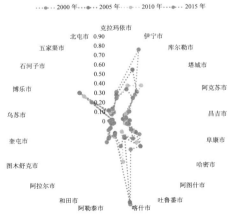

图 3-21　新疆中小城市紧凑度变化图

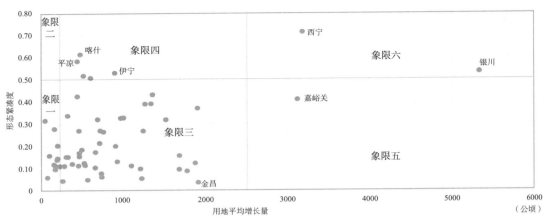

图 3-22　西北中小城市空间增长边界形态的象限分布

城市建设用地平均增长的边界形态紧凑度的分类　　　表 3-8

类型	数目	城市
高增量较紧凑	2	西宁、银川
高增量非紧凑	1	嘉峪关
中增量较紧凑	5	喀什、平凉、伊宁、渭南、青铜峡
中增量非紧凑	42	榆林、兴平、固原、惠农、克拉玛依、奎屯、图木舒克、武威、塔城、五家渠、北屯、灵武、格尔木、乌苏、德令哈、宝鸡、金昌、延安、和田、酒泉、哈密、白银、张掖、铜川、汉中、玉门、博乐、商洛、安康、阿克苏、临夏、中卫、海东、天水、昌吉、库尔勒、阿拉尔、定西、石河子、庆阳、吴忠、大武口
低增量非紧凑	10	陇南、阿勒泰、吐鲁番、敦煌、合作、阿图什、阜康、玉树、华阴、韩城

3.3.7　增长合理性的经济效益及城市面积－人口弹性的指标分类

通过对城市面积-人口弹性系数、城市用地增长效益的分析，对西北中小城市增长过程中的土地效益及弹性等合理性进行对比分析。

1. 城市面积-人口弹性系数指标分类

本次分析过程中的城市面积和人口数据分别来源于《中国城市建设统计年鉴》中的建设用地面积、城区人口。由于西北中小城市中城市面积和城市人口的弹性关系在近些年表现得比较突出，这里采用 2015、2016、2017 年三年的人口用地增长数据进行对比分析。

通过对比分析各城市面积-人口弹性系数可以看出该系数的变化幅度较大，说明大部分城市建设用地和城市人口增长并不同步，并且出现部分城市建设用地和城市人口增长逆向发展的现象，如哈密市（图 3-23）。

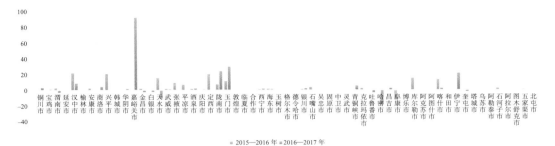

图 3-23 西北中小城市面积 - 人口弹性系数的柱状图

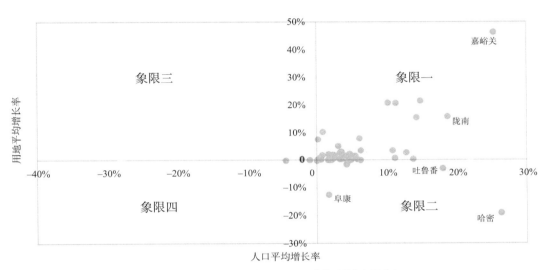

图 3-24 西北中小城市面积 - 人口弹性系数的象限分布

经过西北中小城市用地增长率与城市面积 - 人口弹性系数的象限分析，在增长率正增长、负增长两类分级的基础上，将城市面积 - 人口弹性系数划分为面积、人口同向（大于等于 0）和面积、人口反向（小于 0），由此得到用地正增长且面积、人口同向（如宝鸡、武威），用地正增长且面积、人口反向（如白银、临夏），用地负增长且面积、人口同向（如阿拉尔、北屯），用地负增长且面积、人口反向（如韩城、合作）四种类型（图 3-24、表 3-9）。

可以看出，2015—2017 年间，绝大多数西北中小城市尚处于建设用地和城市人口同步增长的态势，但是其增长的快慢程度存在明显差异。同时，也出现了一小部分城市建设用地增加的同时人口趋于减少的现象，包括白银、临夏、吐鲁番、哈密、阜康、和田、伊宁、奎屯等，这类城市亟待控制建设用地增长。但新疆个别城市出现了建设用地与人口同步减少的城市，如阿拉尔、北屯，表现出收缩性发展态势。另外，还存在建设用地减少而人口趋于增加的城市，如韩城、合作、玉树。

西北中小城市面积－人口弹性系数的分类　　　表 3-9

类型	数目	城市
用地正增长且 面积－人口同向	39	铜川、宝鸡、渭南、延安、汉中、榆林、商洛、安康、兴平、华阴、嘉峪关、金昌、天水、武威、张掖、平凉、酒泉、庆阳、定西、陇南、玉门、敦煌、西宁、海东、格尔木、德令哈、银川、石嘴山、吴忠、中卫、青铜峡、灵武、克拉玛依、昌吉、库尔勒、阿图什、喀什、石河子、五家渠
用地正增长且 面积－人口反向	8	白银、临夏、吐鲁番、哈密、阜康、和田、伊宁、奎屯
用地负增长且 面积－人口同向	2	阿拉尔、北屯
用地负增长且 面积－人口反向	3	韩城、合作、玉树

注：因固原、博乐、阿克苏、塔城、乌苏、阿勒泰、图木舒克数据统计不全，这里暂不进行分类。

2. 城市用地增长效益的指标分类

城市用地增长效益所整理的建设用地面积和二、三产业增加值数据来源于《中国城市统计年鉴》《中国城市建设统计年鉴》。需要说明的是，由于在数据查找以及获取的过程中，城市建设用地具体的二、三产业增加值无法获取，因此地级市的二、三产业增加值采用市辖区的数据进行粗略分析，县级市的二、三产业增加值则采用全市的数据进行分析。

就 2015、2016、2017 三年间城市用地增长效益比较，大部分城市增长效益增减幅度相对较小，但是吐鲁番、哈密、博乐、库尔勒、阿图什等新疆维吾尔自治区的城市波动幅度较为明显（图 3-25）。

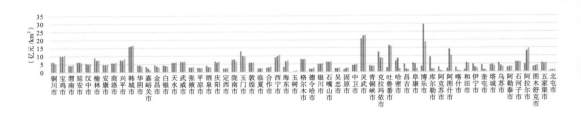

■2015 年　■2016 年　■2017 年

图 3-25　西北中小城市用地增长效益

经过西北中小城市用地增长效率的象限分析，在 2015 年城市建设用地规模划分为规模较大（大于等于 80km²）、规模较小两类分级的基础上，将城市用地增长效率划分为效益较高（大于等于 10）和效益较低（小于 10）。由此可以划分为规模较大效益较高（如宝鸡）、规模较大效益较低（如西宁、银川）、规模较小效益较高（如灵武、韩城）、规模较小效益较低（如中卫、金昌）四种类型（图 3-26、表 3-10）。

可以看出，2015—2017 年间，建设用地规模较大的城市中，效益较高的有宝鸡，效益较低的有西宁、银川。规模较小的城市中，效益较高的有韩城、灵武、玉门、吐鲁番、博乐、阿拉尔。绝大多数规模较小的城市效益较低，粗放式用地增长的现象在西北中小城市中普遍存在。

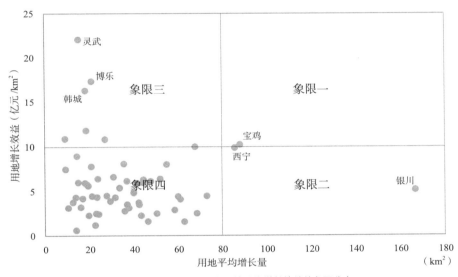

图 3-26　西北中小城市用地平均增长效益的象限分布

西北中小城市平均用地增长效益的分类　　　　　　　　　　　表 3-10

类型	数目	城市
规模较大效益较高	1	宝鸡
规模较大效益较低	2	西宁、银川
规模较小效益较高	6	韩城、玉门、灵武、吐鲁番、博乐、阿拉尔
规模较小效益较低	50	铜川、渭南、延安、汉中、榆林、安康、商洛、兴平、华阴、嘉峪关、金昌、白银、天水、武威、张掖、平凉、酒泉、庆阳、定西、陇南、敦煌、临夏、合作、海东、玉树、格尔木、德令哈、石嘴山、吴忠、中卫、固原、青铜峡、克拉玛依、哈密、昌吉、阜康、库尔勒、阿克苏、阿图什、喀什、和田、伊宁、奎屯、塔城、乌苏、阿勒泰、石河子、图木舒克、五家渠、北屯

3.4 样本城市空间增长特征分析

通过以上西北中小城市建设用地增长规模、增长速率及强度、增长方向性强度、增长方式、增长边界形态（规整程度和紧凑程度）等方面的指标测算，可以分别划分出多种类型。在此基础上，选定不同类型中具有代表性的样本城市，进一步分析其特征和个性。

3.4.1 增长速率及强度的样本特征分析

依据年均增长速率方法，以年均增长速率 >0.13 为界，可以划分为高增量低增速（如嘉峪关、西宁）、中增量高速率（如吴忠）、中增量低速率（如渭南、榆林、汉中）、低增量低增速（如华阴）四种类型。同时，依据年均扩展强度法，以扩展强度 >0.04 为高强度为准，可以划分为高增量高强度（如嘉峪关）、高增量低强度（如西宁）、中增量高强度（如榆林）、中增量低强度（如渭南、汉中、吴忠）、低增量低强度（如华阴）五种类型。由此，在增长速率及扩展强度的样本特征分析中，选定嘉峪关、吴忠、西宁、榆林、渭南、汉中、华阴等样本城市。

从增长速率来看，2000—2015 年期间，嘉峪关、渭南、汉中、华阴等城市用地增长速率较小，而吴忠、榆林增长速率明显较高。从扩展强度来看，嘉峪关、榆林、汉中在某一时段内扩展强度较大，但在相邻时段明显减小。而西宁、华阴等城市扩展强度不高，扩展强度变化不大（表 3-11、表 3-12、图 3-27、图 3-28）。

样本城市增长速率动态度比较 表 3-11

城市	增长速率类型划分	2000—2005 年	2005—2010 年	2010—2015 年
嘉峪关	高增量低增速	0.06	0.11	0.04
吴忠	中增量高速率	0.27	0.22	0.06
西宁	高增量低增速	0.06	0.06	0.04
榆林	中增量低速率	0.15	0.04	0.05
渭南	中增量低速率	0.02	0.06	0.02
汉中	中增量低速率	0.04	0.08	0.03
华阴	低增量低增速	0.03	0.02	0.02

样本城市扩展强度动态度比较

表 3-12

城市	扩展强度类型划分	2000—2005 年	2005—2010 年	2010—2015 年
嘉峪关	高增量高强度	0.03	0.03	0.07
吴忠	中增量低强度	0.02	0.05	0.1
西宁	高增量低强度	0.03	0.04	0.05
榆林	中增量高强度	0.05	0.07	0.04
渭南	中增量低强度	0.02	0.01	0.04
汉中	中增量低强度	0.01	0.02	0.06
华阴	低增量低强度	0.01	0.02	0.02

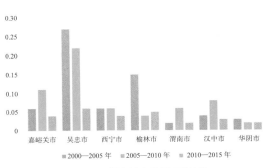

图 3-27 样本城市增长速率比较

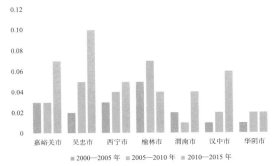

图 3-28 样本城市扩展强度比较

3.4.2 增长方向性强度的样本特征分析

在质心测算和质心迁移速率方法测算中，划分为高增量低方向性（如嘉峪关）、中增量高方向性（如武威）、中增量低方向性（如渭南、榆林、汉中）、低增量低方向性（如华阴）四种类型。由此，在增长方向性强度的样本特征分析中，进一步使用方向扇区分析法，选定嘉峪关、武威、榆林、渭南、汉中、华阴六座样本城市。

运用缓冲区和等扇分析法，分别以六个样本城市的建设用地重心为圆心，以圆心至2015 年城市建成区扩展最远距离为半径，将研究区域平均划分为 16 个扇形，分析其不同方向扩展强度。通过分析可以看出，只有武威在一定方向上的扩展强度较大，在主导方向扩展的面积平均在 45% ~ 70% 之间（表 3-13）。

六座样本城市的方向扩展强度表   表 3-13

城市	扩展方向及特征	扩展图示
榆林	2000—2005 年间，城市主要向南部扩展，其中 SSE、SE、SSW、S 四个方向扩展量占到总扩展量的 61.73%。 2005—2010 年间，城市主要向南部扩展，其中 S、SSE、SSW 三个方向扩展量占到总扩展量的 58.78%。向西方向扩展趋势显现，东向扩展量不大。 2010—2015 年间，城市主要向南部扩展，其中 S、SSW、SSE 三个方向扩展量占到总扩展量的 58.18%。同时，北向扩展趋势显现，同时各方向增速均有提高	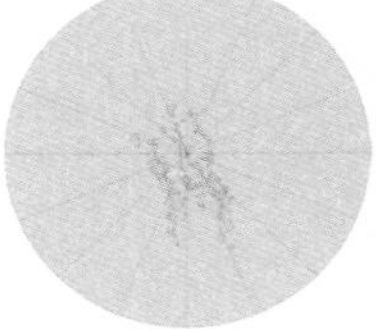 2000—2005 年 2005—2010 年 2010—2015 年
渭南	2000—2005 年间，城市扩展方向主要为西向，W、SWW、NWW 方向占总扩展量的 72.28%，其余方向扩展量相对较小。 2005—2010 年间，城市扩展方向主要为西向，W、SWW、NWW、NWW 方向占总扩展量的 72.66%，南向为扩展量较小的方向。 2010—2015 年间，城市扩展方向主要为西向，W、SWW、NWW 方向占总扩展量的 45.82%，城市扩张量逐渐增大，其余方向扩展量也开始增多	 2000—2005 年 2005—2010 年 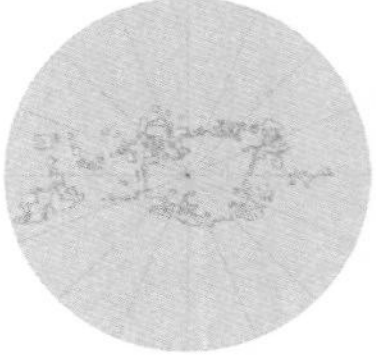 2010—2015 年

城市	扩展方向及特征	扩展图示
汉中	2000—2005 年间，城市主要扩展方向为北向与东向，NNW、NNE、E 三个方向扩展量占总扩展量 52.83%，而 S、SSE、NWW 方向处于较低水平，呈现非均衡扩展特征。 2005—2010 年间，城市空间扩展总体上呈现出较为均衡的蔓延型扩展趋势，各方向扩展差距不是很大。 2010—2015 年间，城市空间扩展方向主要为西北、东南两个方向，NNW、SE、NW、NWW 四个方向扩展量占总扩展量的 53.65%，但其余方向也有一定的增长，且城市空间扩展速度明显加快	2000—2005 年  2005—2010 年  2010—2015 年
嘉峪关	2000—2005 年间，城市主要向东部和南部扩展，其中 S、SE、SSE 三个方向扩展量占到总扩展量的 51.73%。 2005—2010 年间，城市主要向北部扩展，其中 NNW、NW、N 三个方向扩展量占到总扩展量的 45.32%。 2010—2015 年间，城市主要向西北和东南扩展，其中 SEE、SSE、SE、NNW、NW、E 几个方向扩展量占到总扩展量的 88.66%	 2000—2005 年  2005—2010 年 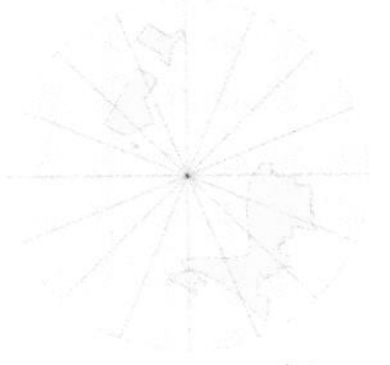 2010—2015 年

城市	扩展方向及特征	扩展图示
武威	2000—2005 年间，城市主要向西北和东南扩展，其中 NW、SE 两个方向扩展量占到总扩展量的 79.27%。 2005—2010 年间，城市主要向西北扩展，其中 NNW、NW 两个方向扩展量占到总扩展量的 80.23%。 2010—2015 年间，城市主要向西北和东部扩展，其中 NW、NEE、NNW、E 四个方向扩展量占到总扩展量的 88.29%	 2000—2005 年 2005—2010 年 2010—2015 年
华阴	2000—2005 年间，城市主要向南部及北部扩展，其中 N、NNE、S 三个方向扩展量占到总扩展量的 56.72%。 2005—2010 年间，城市主要扩展方向为南部及北部，其中 NNE、SSW、SSW、N 四个方向扩展量占到总扩展量的 60.78%。 2010—2015 年间，城市主要向东北及南部扩展，其中 NE、S、NNE 三个方向扩展量占到总扩展量的 53.80%	 2000—2005 年  2005—2010 年 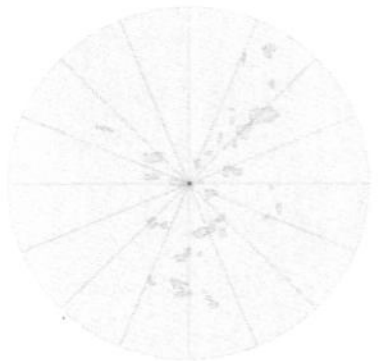 2010—2015 年

3.4.3 增长方式的样本特征分析

通过采用拓扑关系方法，可以将西北地区中小城市空间扩展划分为高增量边缘增长型（如嘉峪关）、中增量填充型（如武威）、中增量边缘增长型（如榆中、渭南、汉中）、低增量边缘增长型（如华阴）四种类型。

　　为进一步对城市空间扩展类型进行判断，研究中引入刘纪远（2003）提出的凸壳原理内涵和测算方法，选定榆林、渭南、汉中、嘉峪关、武威、华阴六座样本城市，构建了 2000—2005、2005—2010 和 2010—2015 年三个时段内城市建成区用地轮廓的凸壳，将四期的建成区轮廓进行叠加分析，以判断城市空间扩展类型（表 3-14）。

　　从凸壳原理得出的计算结果来看，在 2000—2005 年间，渭南、汉中、华阴主要以填充型为主，而嘉峪关、武威则以外延型为主，榆林填充和外延式扩展并存。2005—2010 年间，武威为外延型增长，其他五座城市均以填充型为主。2010—2015 年间，嘉峪关为外延型增长，武威和汉中体现为填充和外延式扩展并存，其他城市均以填充型为主。

　　通过以上分析可见，拓扑关系测算的城市多为边缘增长型，即外延型，而凸壳原理测算的结果多为填充型，同一城市采用以上两种方法得到的结果并不完全相同。究其原因，一方面是两种方法的测算原理并不相同，拓扑关系方法重在考虑公共边长，凸壳原理多在最小凸多边形；另一方面，拓扑关系方法适应于不同类型的城市，但凸壳原理方法适合于增长方向较为明确或形态较为规整的城市，对于无主要增长方向的城市或非规整形态的城市，其最小凸多边形中将会覆盖大部分的新增建设用地，导致增长方式呈现为填充型（表 3-15、表 3-16、表 3-17）。

三个研究时段六座样本城市凸壳图　　　　　　　　　表 3-14

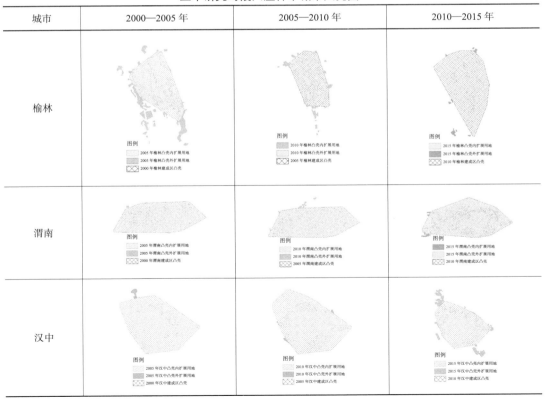

城市	2000—2005 年	2005—2010 年	2010—2015 年
嘉峪关	图例 2005 年嘉峪关凸壳内扩展用地 2005 年嘉峪关凸壳外扩展用地 2000 年嘉峪关建成区凸壳	图例 2010 年嘉峪关凸壳内扩展用地 2010 年嘉峪关凸壳外扩展用地 2005 年嘉峪关建成区凸壳	图例 2015 年嘉峪关凸壳内扩展用地 2015 年嘉峪关凸壳外扩展用地 2010 年嘉峪关建成区凸壳
武威	图例 2005 年武威凸壳内扩展用地 2005 年武威凸壳外扩展用地 2000 年武威建成区凸壳	图例 2010 年武威凸壳内扩展用地 2010 年武威凸壳外扩展用地 2005 年武威建成区凸壳	图例 2015 年武威凸壳内扩展用地 2015 年武威凸壳外扩展用地 2010 年武威建成区凸壳
华阴	图例 2005 年华阴凸壳内扩展用地 2005 年华阴凸壳外扩展用地 2000 年华阴建成区凸壳	图例 2010 年华阴凸壳内扩展用地 2010 年华阴凸壳外扩展用地 2005 年华阴建成区凸壳	图例 2015 年华阴凸壳内扩展用地 2015 年华阴凸壳外扩展用地 2010 年华阴建成区凸壳

2000—2005 年间六座城市凸壳计算结果统计表　　　　表 3-15

城市	年份 （年）	建成区用地扩展面积（km²）	填充		外延		（填充 - 外延）面积（km²）	扩展类型
			面积（km²）	占扩展比例（%）	面积（km²）	占扩展比例（%）		
榆林	2000—2005	13.70	6.21	45.33	7.49	54.67	-1.28	外延
渭南	2000—2005	4.78	3.29	68.83	1.49	31.17	1.80	填充
汉中	2000—2005	2.16	1.77	81.95	0.39	18.05	1.38	填充
嘉峪关	2000—2005	20.24	5.59	27.62	14.65	72.38	-9.06	外延
武威	2000—2005	14.15	5.53	39.08	8.62	60.92	-3.09	外延
华阴	2000—2005	0.778	0.776	99.70	0.002	0.30	0.774	填充

2005—2010 年六座城市凸壳计算结果统计表　　　　表 3-16

城市	年份 （年）	建成区用地扩展面积（km²）	填充		外延		（填充 - 外延）面积（km²）	扩展类型
			面积（km²）	占扩展比例（%）	面积（km²）	占扩展比例（%）		
榆林	2005—2010	21.28	14.75	69.31	6.53	30.69	8.22	填充
渭南	2005—2010	4.45	3.52	79.10	0.93	20.90	2.59	填充

续表

城市	年份（年）	建成区用地扩展面积（km²）	填充		外延		（填充-外延）面积（km²）	扩展类型
			面积（km²）	占扩展比例（%）	面积（km²）	占扩展比例（%）		
汉中	2005—2010	3.62	3.38	93.37	0.24	6.63	3.14	填充
嘉峪关	2005—2010	21.43	13.65	63.70	7.78	36.30	5.87	填充
武威	2005—2010	11.43	3.34	29.22	8.09	70.78	−4.75	外延
华阴	2005—2010	1.23	1.14	92.68	0.09	7.32	1.05	填充

2010—2015 年间六座城市凸壳计算结果统计表　　　表 3-17

城市	年份（年）	建成区用地扩展面积（km²）	填充		外延		（填充-外延）面积（km²）	扩展类型
			面积（km²）	占扩展比例（%）	面积（km²）	占扩展比例（%）		
榆林	2010—2015	10.59	8.28	78.19	2.31	21.81	5.97	填充
渭南	2010—2015	9.00	8.25	91.67	0.75	8.33	7.50	填充
汉中	2010—2015	9.14	5.05	55.25	4.09	44.75	0.96	填充
嘉峪关	2010—2015	51.82	23.90	46.12	27.92	53.88	−4.02	外延
武威	2010—2015	25.52	14.90	58.39	20.62	41.61	4.28	填充
华阴	2010—2015	1.12	1.00	89.29	0.12	10.71	0.88	填充

3.4.4　城市增长边界形态规整程度的样本特征分析

在增长边界形态规整程度的样本特征分析中，采用分形维数法。依据高增量非规整（如西宁）、高增量规整（如嘉峪关）、中增量非规整（如渭南、汉中）、中增量规整（如榆林、武威）、低增量非规整（如华阴）、低增量规整（如阿勒泰）六种类型的划分，选定西宁、嘉峪关、渭南、汉中、榆林、武威、华阴、阿勒泰八座城市进行样本分析。

通过计算 2000、2005、2010 和 2015 年 4 年城市用地分形维数可以看出，2000—2015 年间八座城市用地形态分形维数均在 1.00 ~ 1.13 之间变化。西宁城市用地边界形态趋于非规整化，渭南趋于规整化，其他城市边界形态稳定性有较大波动（表 3-18）。

八座样本城市分形维数变化及其特征　　　表 3-18

城市	分形维数				城市空间增长边界形态特征判断		
	2000 年	2005 年	2010 年	2015 年	2000—2005 年	2005—2010 年	2010—2015 年
西宁	1.1162	1.1242	1.1447	1.1448	分形维数增加，规整程度降低	分形维数增加，规整程度降低	分形维数增加，规整程度降低
嘉峪关	1.0692	1.0652	1.0753	1.0785	分形维数降低，规整程度增加	分形维数增加，规整程度降低	分形维数增加，规整程度降低
榆林	1.4215	1.7424	1.7322	1.7217	分形维数增加，规整程度降低	分形维数降低，规整程度增加	分形维数降低，规整程度增加

城市	分形维数				城市空间增长边界形态特征判断		
	2000 年	2005 年	2010 年	2015 年	2000—2005 年	2005—2010 年	2010—2015 年
渭南	1.1477	1.145	1.1416	1.134	分形维数降低，规整程度增加	分形维数降低，规整程度增加	分形维数降低，规整程度增加
汉中	1.1227	1.1213	1.1197	1.1303	分形维数降低，规整程度增加	分形维数降低，规整程度增加	分形维数增加，规整程度降低
武威	1.1208	1.0974	1.0866	1.0647	分形维数降低，规整程度增加	分形维数降低，规整程度增加	分形维数降低，规整程度增加
华阴	1.1232	1.1147	1.1144	1.1269	分形维数降低，规整程度增加	分形维数降低，规整程度增加	分形维数增加，规整程度降低
阿勒泰	1.0857	1.0916	1.0864	1.1056	分形维数增加，规整程度降低	分形维数降低，规整程度增加	分形维数增加，规整程度降低

3.4.5　城市增长边界形态紧凑程度的样本特征分析

在增长边界形态紧凑程度的样本特征分析中，选定高增量较紧凑（如西宁）、高增量非紧凑（如嘉峪关）、中增量较紧凑（如渭南）、中增量非紧凑（如榆林、汉中）、低增量非紧凑（如阿勒泰）等五种类型的六座样本城市，采用形态紧凑度进行分析。

根据张豫芳等（2006）、李琳（2012）等研究结论，紧凑度主要通过面积与周长的关系定量刻画城区形状的合理性，其理论值范围在 0～1 之间变化，其值越大，表明城市形态的紧凑性越好，越趋向于圆形。从六座样本城市在 2000—2015 年建成区紧凑度计算结果来看，西宁的紧凑度较高，其他城市紧凑度都处于较低水平。相比之下，2000、2005、2010、2015 年紧凑度最大的均是西宁，最小的均是阿勒泰。从紧凑度平均值来看，西宁和渭南的城市结构较为紧凑，而阿勒泰的城市结构最为松散（表 3-19）。

六座样本城市紧凑度变化　　　　　　　　　　表 3-19

城市	紧凑度				城市形态变化与趋向
	2000 年	2005 年	2010 年	2015 年	
西宁	0.8241	0.8065	0.7000	0.5186	非紧凑度逐渐增强趋向于离散化
嘉峪关	0.3818	0.4385	0.4309	0.3833	紧凑 - 非紧凑 - 非紧凑趋向于离散化
榆林	0.4615	0.4682	0.1936	0.1856	紧凑 - 非紧凑 - 非紧凑趋向于离散化
渭南	0.6438	0.5050	0.5164	0.3995	非紧凑 - 紧凑 - 非紧凑城市形态波动性较强
汉中	0.2141	0.1876	0.1614	0.1766	非紧凑 - 非紧凑 - 紧凑城市形态波动性较强
阿勒泰	0.1216	0.1293	0.1614	0.1424	紧凑 - 紧凑 - 非紧凑城市形态波动性较强

4 西北地区中小城市形态结构特征分析

空间可达性和空间密度是反映城市形态结构的重要指标。21世纪以来西北地区中小城市处于大规模开发建设中，呈现出不同于其他地域城市的阶段特征，形态结构的松散性、盲目性和无序性特征逐渐显现。

4.1 西北地区中小城市空间可达性分析

空间可达性是城市形态结构空间特征的重要方面。在众多可达性分析方法中空间句法是量化分析的主要手段之一。研究综合考虑城市的职能类型、规模大小、扩展速度、自然环境等因素，选择西北地区一定数量的典型城市对其进行空间句法计算（图4-1）。

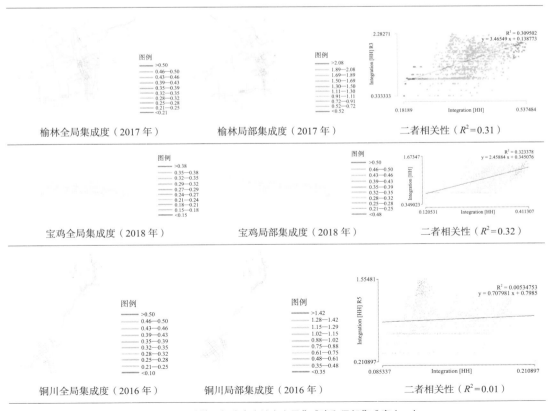

图4-1 西北地区部分中小城市全局集成度和局部集成度（一）

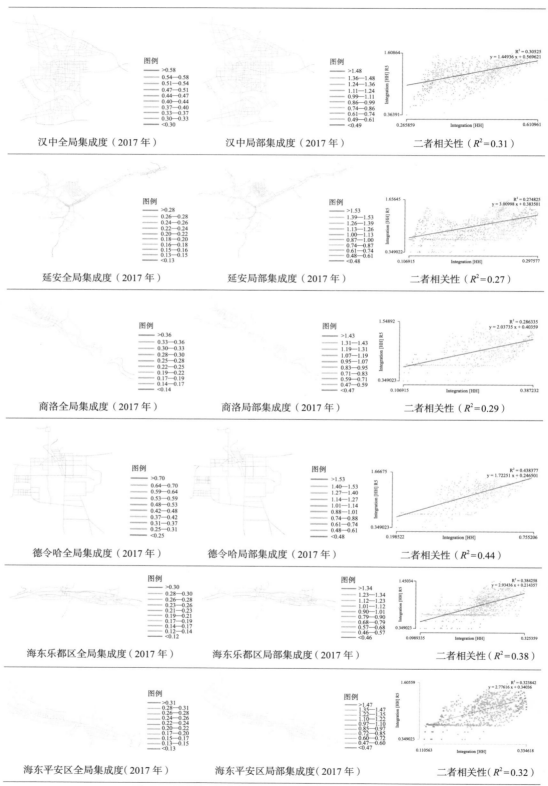

图 4-1　西北地区部分中小城市全局集成度和局部集成度（二）

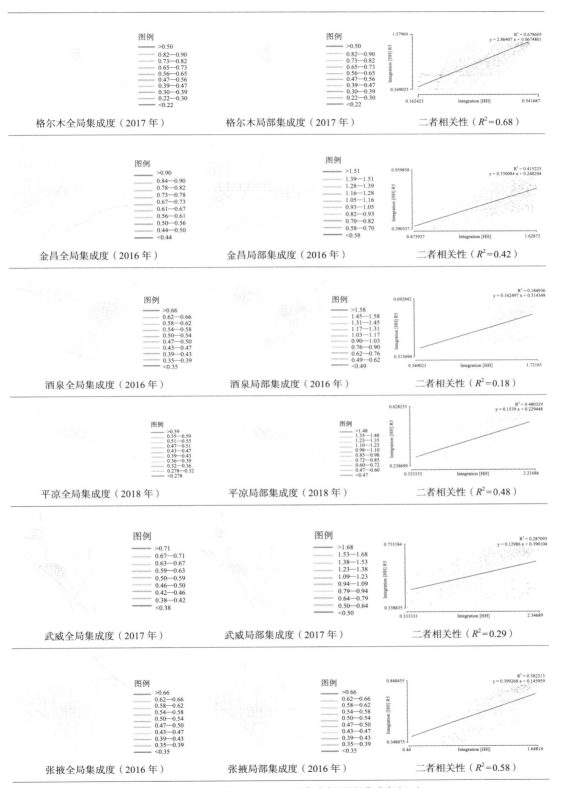

图 4-1 西北地区部分中小城市全局集成度和局部集成度（三）

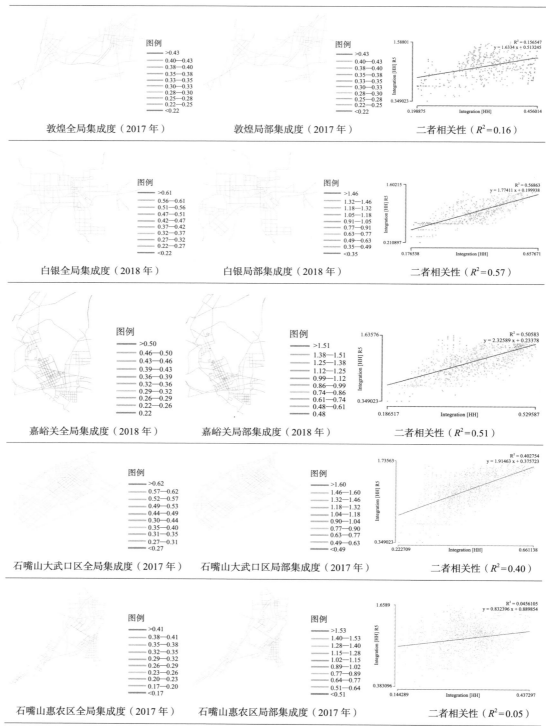

图4-1　西北地区部分中小城市全局集成度和局部集成度（四）

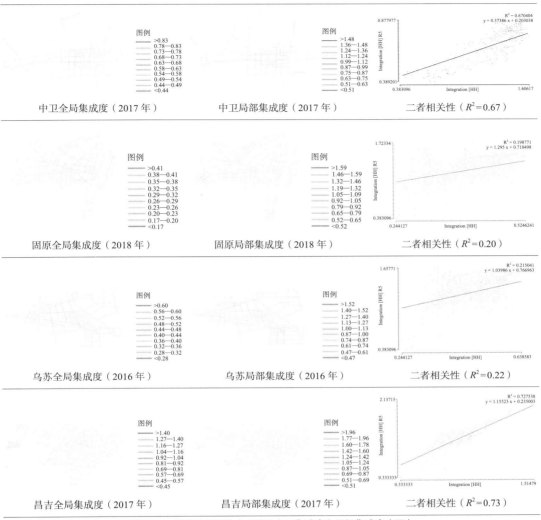

图 4-1 西北地区部分中小城市全局集成度和局部集成度（五）

结果表明：

（1）规模较小、封闭性较高的城市均质性更强。规模较小的城市，道路网组织相对简单，中心区与边缘区的可达性差别不大，整体可达性较高，过渡自然，城市的形态结构良好地反映了城市的自组织图景。但由于城市规模、地形地貌条件、城市发展历程等因素的差异，该类城市在微观的外部可达性上也存在差异。随城市用地向外扩展，中心-边缘的可达性层级递推趋势被破坏，城市整体可达性减弱。一些规模较大，规划等他组织因素介入较多的城市，轮轴模式逐步被打破，城市整体可达性减弱，如固原市。从固原市中心城区历年全局集成度的演变来看，随城市用地向外扩展，其核心由老城区逐渐演变至高新区与老城区中部，全局集成度的平均值整体呈下降趋势（表 4-1、表 4-2）。从城市的全局集成度与局部集成度的相关性来看，格尔木、中卫等城市全局集成度与局部集成度的相关系数在 0.5 以上，表明路网的协调度较高，城市相对均质。

固原历年集成度 表 4-1

年份		2000 年	2005 年	2010 年	2018 年
全局集成度	图示	图例 >1.18 1.09—1.18 1.00—1.09 0.91—1.00 0.83—0.91 0.74—0.83 0.65—0.74 0.56—0.65 0.47—0.56 <0.47	图例 >1.17 1.09—1.17 1.00—1.09 0.91—1.00 0.74—0.82 0.65—0.74 0.47—0.56 <0.47	图例 >1.11 1.03—1.11 0.95—1.03 0.87—0.95 0.80—0.87 0.72—0.80 0.64—0.72 0.56—0.64 0.48—0.56 <0.48	图例 >0.50 0.47—0.50 0.44—0.47 0.41—0.44 0.38—0.41 0.36—0.38 0.33—0.36 0.30—0.33 0.27—0.30 <0.27
	平均值	0.736816	0.734638	0.729872	0.686636
	最大值	1.270030	1.259420	1.190110	1.066520
	最小值	0.380759	0.390528	0.400288	0.393012
局部集成度	图示	图例 >1.70 1.55—1.70 1.41—1.55 1.26—1.41 1.11—1.26 0.97—1.11 0.82—0.97 0.68—0.82 0.53—0.68 <0.53	图例 >1.70 1.56—1.70 1.41—1.56 1.27—1.41 1.11—1.27 0.97—1.11 0.82—0.97 0.68—0.82 0.53—0.68 <0.53	图例 >1.72 1.58—1.71 1.43—1.58 1.28—1.43 1.14—1.28 1.00—1.14 0.84—1.00 0.70—0.84 0.55—0.70 <0.55	图例 >1.59 1.46—1.59 1.32—1.46 1.19—1.32 1.05—1.09 0.92—1.05 0.79—0.92 0.65—0.79 0.52—0.65 <0.52
	平均值	1.066300	1.086150	1.128500	1.149920
	最大值	1.843280	1.853480	1.869790	1.869790
	最小值	0.383096	0.383096	0.405631	0.349023

固原历年路网协同度 表 4-2

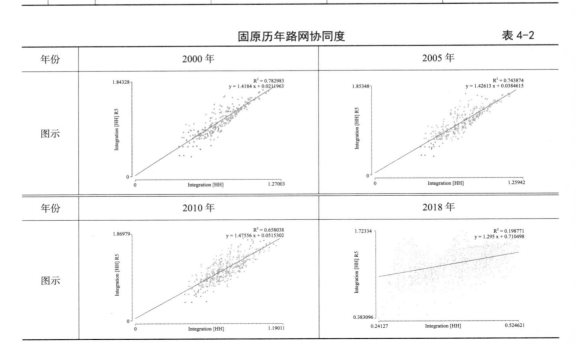

年份	2000 年	2005 年
图示	$R^2 = 0.782983$ $y = 1.4184 x + 0.0214963$	$R^2 = 0.743874$ $y = 1.42613 x + 0.0384615$
年份	2010 年	2018 年
图示	$R^2 = 0.658038$ $y = 1.47556 x + 0.0515302$	$R^2 = 0.198771$ $y = 1.295 x + 0.710498$

（2）多片区或组团城市的空间可达性与片区或组团间的距离关系密切。总体上讲，若城市各组团之间距离较近，则大多形成了中心相互分隔而空间保持贯通的核心区域，共同担负着城市的集聚型活动，如嘉峪关市的产业组团、新城区、老城区之间的可达性并没有剧烈的激变。若城市各组团之间距离较远，如存在距离老城区较远的新开发片区，新开发片区中心集聚力量不足，承担城市空间活动的能力弱，则片区间空间可达性较差，如武威市在距离老城较远的区域新建开发区，开发区与老城关联性不强，在城市整体形态中处于边缘和离散状态。结合城市局部集成度及城市各部分的组织关系来看，榆林、汉中、酒泉、白银等城市呈现出多个集成核，形成多片区或多组团的空间结构，居民的空间活动相对分散和混合。以榆林为例，从榆林中心城区历年全局集成度的演变来看，平均值整体呈下降趋势；从榆林中心城区局部集成度的演变来看，其由榆溪河两侧的两个组团逐渐演变为多个组团，局部集成度的平均值变化较少；从空间的可达性来看，中心城区集成度较高的区域逐渐增多，可达性逐渐增高；从历年道路网的协同度来看，全局集成度与局部集成度的相关性呈现出先降低后增加的趋势（表4-3、表4-4）。

榆林历年集成度　　　　　　　　　　　　　　表4-3

	年份	1988年	1994年	2006年	2013年	2017年
全局集成度	图示					
	平均值	0.608217	0.565627	0.409157	0.291687	0.374369
	最大值	0.963227	0.862914	0.572723	0.406170	0.537484
	最小值	0.314308	0.214952	0.232397	0.160684	0.181890
局部集成度	图示					
	平均值	1.437050	1.387100	1.454030	1.394500	1.436140
	最大值	2.235860	2.206930	2.282710	2.369390	2.282710
	最小值	0.333333	0.333333	0.333333	0.333333	0.333333

榆林历年路网协同度 表 4-4

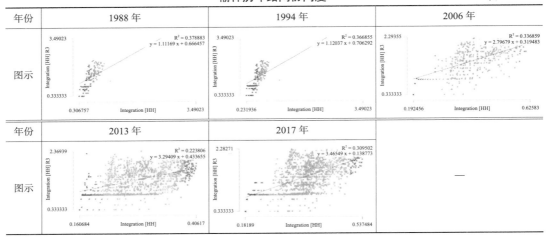

（3）跳跃式城市新城区和老城区在空间上还相对处于自我封闭状态。部分城市的新建区距离老城较远，老城区与新区之间联系相对较弱，如延安、铜川等城市。从延安的全局集成度来看，其核心主要位于老城区，老城区的空间可达性较好。从局部集成度的变化来看，延安老城区、东部高新区及延安新区形成三个主要的中心，三个核心处于相对封闭状态。从全局集成度与局部集成度的相关性来看，整体变化较小（表 4-5、表 4-6）。铜川的集成度分析中两个片区表现出不同的分布特征，每个中心有着各自的集成核。北片老城的可达性呈现带状的分布格局，老城区可达性最高的城市核心在中心偏南的区域，呈现带状分布向南北两个方向递减的特点，南部的可达性整体高于北部。而南片新城呈现圈层递推趋势。从铜川的整体形态来讲，两个片区在空间上都不是开放性的格局，还处于自我封闭的状态，老城区和新城区的连接不顺畅。从老城区到新城区要经过中心区到边缘区再到中心区的两次过渡，两者之间在结构上是独立分散的。虽然新旧区之间受道路和用地条件的限制，一定程度上避免了两者之间不断填充合而为一的蔓延趋势，但也阻碍了它们之间在空间上的流动性，目前新旧区之间在可达性分布上并没有形成强烈的相互联动的自组织演化图景（表 4-7、表 4-8）。

延安历年集成度 表 4-5

	年份	2005 年	2009 年	2012 年	2014 年	2017 年
全局集成度	图示					
	平均值	0.185377	0.191570	0.190970	0.190352	0.210688
	最大值	0.271471	0.280092	0.280494	0.279670	0.297577
	最小值	0.097533	0.102673	0.103126	0.102505	0.106915

续表

年份		2005 年	2009 年	2012 年	2014 年	2017 年
局部集成度	图示					
	平均值	0.926167	0.937298	0.934093	0.934927	1.017670
	最大值	1.480600	1.480600	1.480600	1.480600	1.656450
	最小值	0.349023	0.349023	0.349023	0.349023	0.349023

延安历年路网协同度　　　　　　　　　　　　　　表 4-6

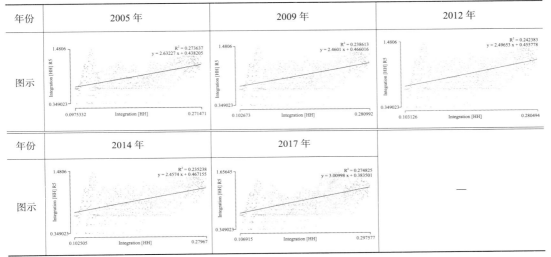

年份	2005 年	2009 年	2012 年
图示	$R^2 = 0.273637$　$y = 2.63227x + 0.438205$	$R^2 = 0.238613$　$y = 2.4601x + 0.466016$	$R^2 = 0.242383$　$y = 2.49653x + 0.455778$

年份	2014 年	2017 年	
图示	$R^2 = 0.235238$　$y = 2.4574x + 0.467155$	$R^2 = 0.274825$　$y = 3.00998x + 0.383501$	—

铜川历年集成度　　　　　　　　　　　　　　表 4-7

年份		2003 年	2012 年	2016 年
全局集成度	图示			
	平均值	0.128346	0.121026	0.131948
	最大值	0.210897	0.210897	0.210897
	最小值	0.068772	0.075380	0.085337

续表

年份		2003 年	2012 年	2016 年
局部集成度	图示	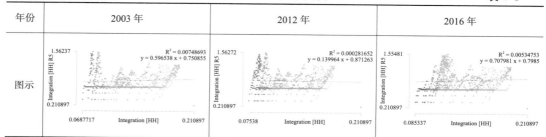		
	平均值	0.827419	0.854324	0.891917
	最大值	1.562370	1.562720	1.554810
	最小值	0.210897	0.210897	0.210897

铜川历年路网协同度　　　　　　　　　　　　　表 4-8

年份	2003 年	2012 年	2016 年
图示	$R^2=0.00748693$ $y=0.596538\,x+0.750855$	$R^2=0.000281652$ $y=0.139964\,x+0.871263$	$R^2=0.00534753$ $y=0.707981\,x+0.7985$

4.2　西北地区中小城市空间密度分析

　　研究选取反映空间密度的人口密度、设施密度、出行密度三个指标，对西北地区具有代表性的榆林、汉中、酒泉、平凉、武威、昌吉等 17 座城市进行形态结构测度，以分析西北中小城市的空间密度特征。结果表明：西北中小城市人口分布呈现中心集聚、由中心向外层级递减、边缘组团人口密度不断提升等变化；城市设施密度普遍呈中心或老城区集聚的格局；出行密度由"步行"，向"步行＋公交"再向"以公交为主"转变。

4.2.1　人口密度

　　从人口密度来看，西北中小城市的人口密度普遍存在着以老城区为集聚中心的空间特点，由老城区向外围人口逐渐递减；部分城市产业组团或新区所在的街道办也具有较多的人口，形成外围多个组团式突起的特征（图 4-2）。

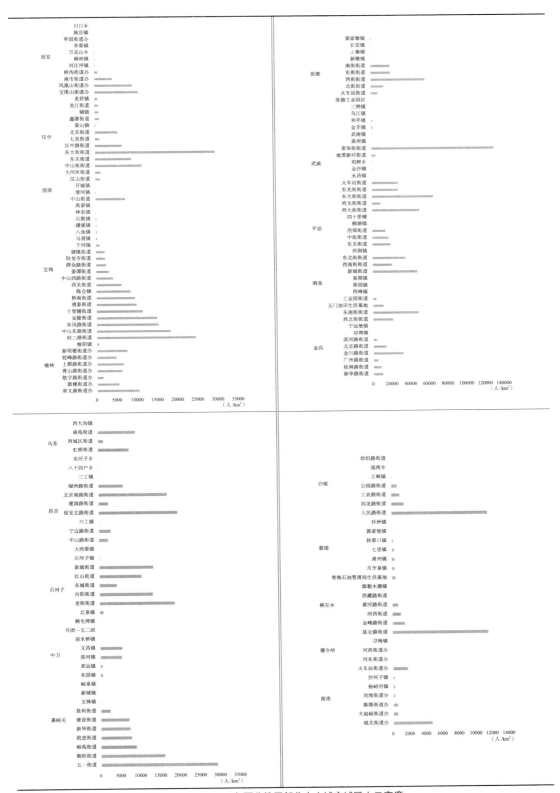

图 4-2 2010 年西北地区部分中小城市城区人口密度

4.2.2 设施密度

根据天地图中获取的 POI 点，选取政府办公机构、商务服务机构、商业设施、文化服务设施、教育服务设施、医疗服务设施六项指标作为空间活动的主要吸引因子进行设施密度分析。从各类机构设施的密度分布来看，西北地区中小城市各类设施在老城区分布相对较为完善；单中心、多片区或组团、多中心城市设施密度普遍呈现出中心或老城区集聚的格局；个别城市，如石河子市呈现出双核分布的特征（图 4-3 ～图 4-22）。

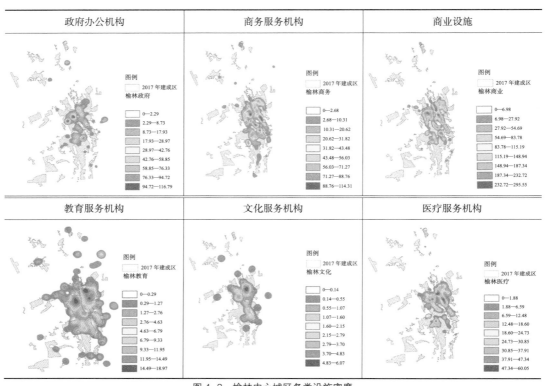

图 4-3　榆林中心城区各类设施密度

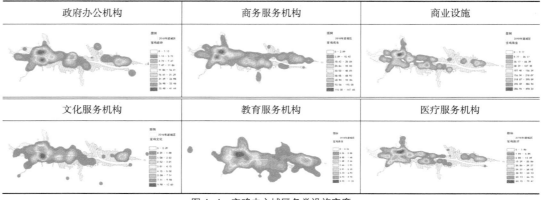

图 4-4　宝鸡中心城区各类设施密度

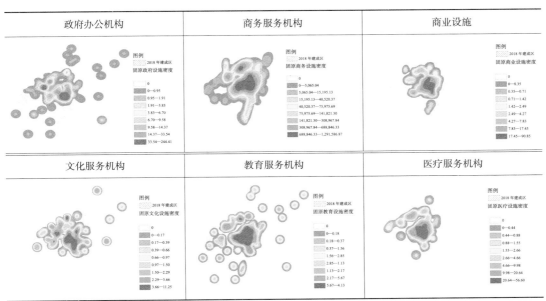

图4-5　固原市中心城区各类设施密度

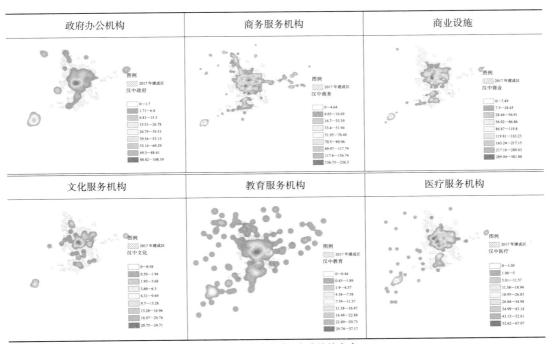

图4-6　汉中中心城区各类设施密度

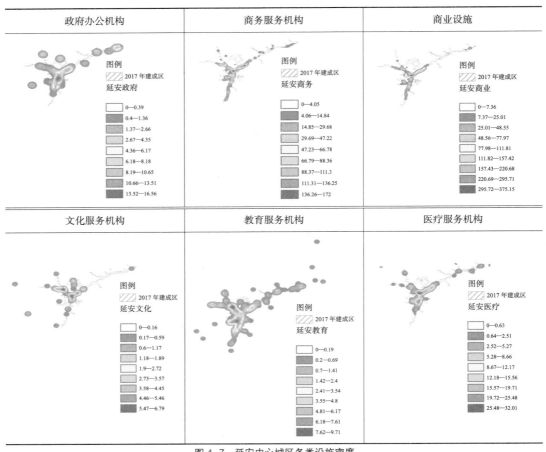

图 4-7 延安中心城区各类设施密度

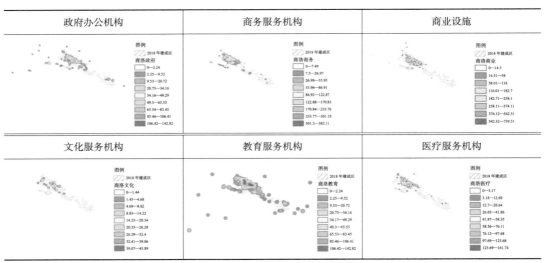

图 4-8 商洛中心城区各类设施密度

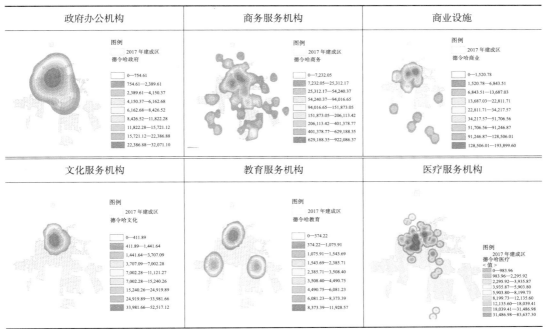

图 4-9 德令哈中心城区各类设施密度

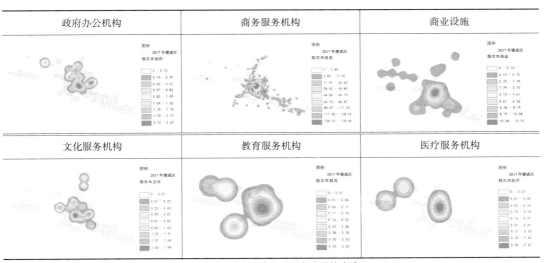

图 4-10 格尔木中心城区各类设施密度

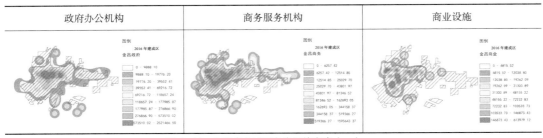

图 4-11 金昌中心城区各类设施密度（一）

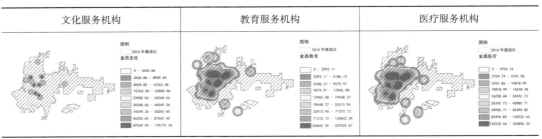

图4-11 金昌中心城区各类设施密度（二）

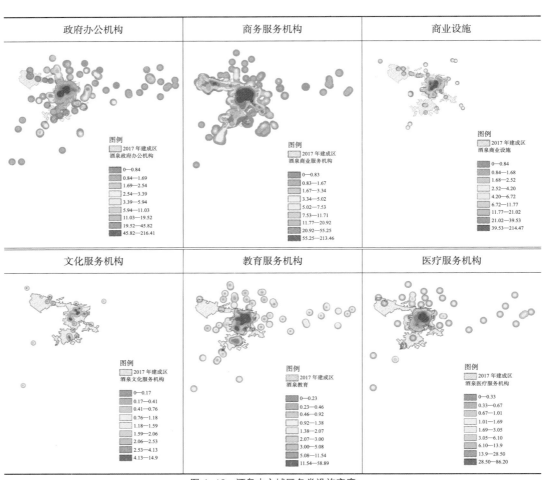

图4-12 酒泉中心城区各类设施密度

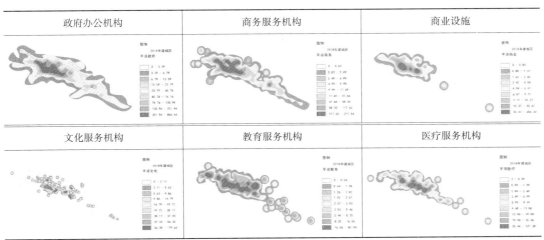

图4-13　平凉中心城区各类设施密度

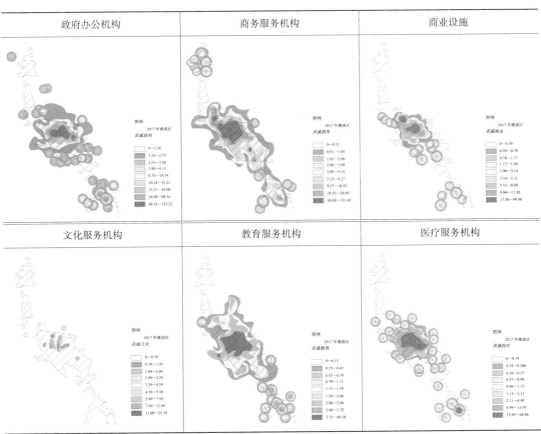

图4-14　武威中心城区各类设施密度

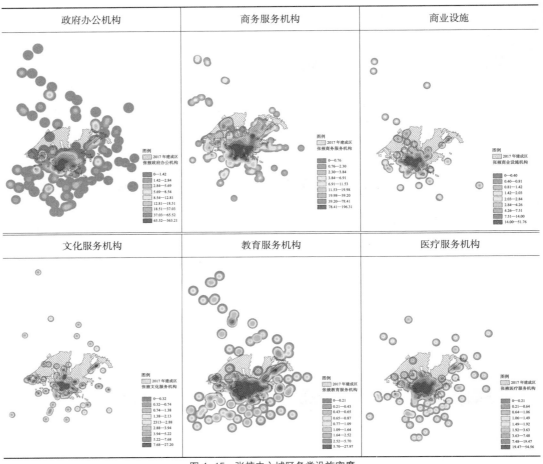

图 4-15　张掖中心城区各类设施密度

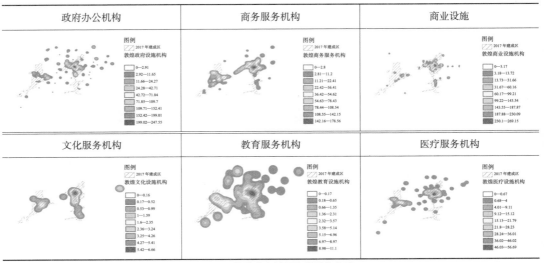

图 4-16　敦煌中心城区各类设施密度

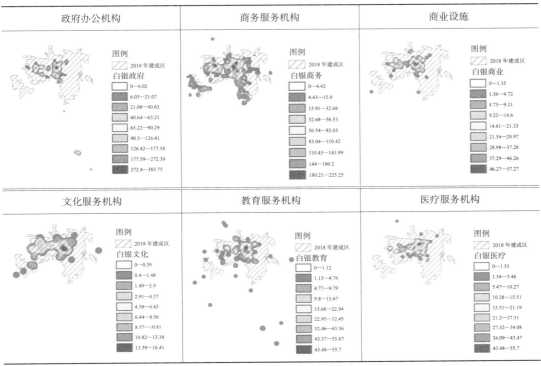

图 4-17 白银中心城区各类设施密度

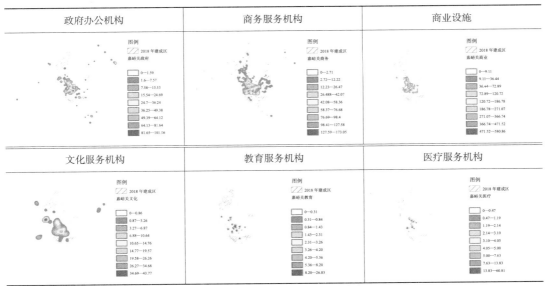

图 4-18 嘉峪关中心城区各类设施密度

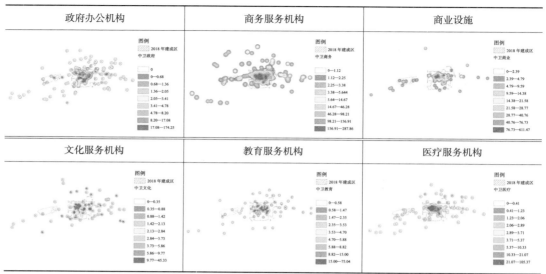

图 4-19　中卫中心城区各类设施密度

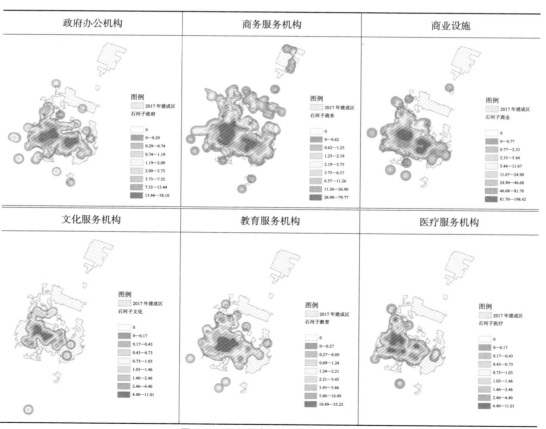

图 4-20　石河子中心城区各类设施密度

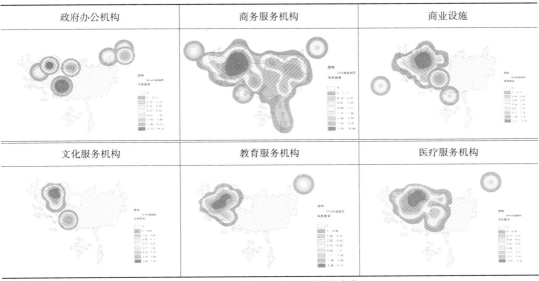

图 4-21 乌苏市中心城区各类设施密度

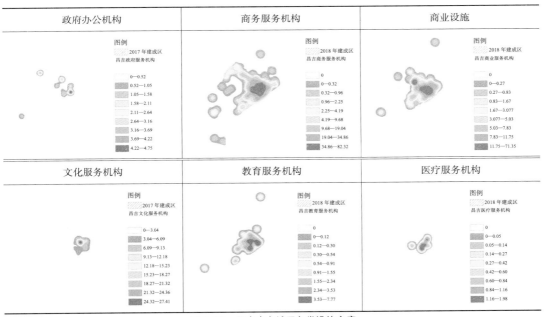

图 4-22 昌吉中心城区各类设施密度

4.2.3 出行密度

当前，西北中小城市的出行方式中对公共交通的依赖性较高，因此公交站点密度是反映城市空间出行密度的关键。从公交站点密度演变来看，西北中小城市中心城区基本处于公交半小时可达范围内，城市整体可达性普遍良好，其中老城区的公交站点分布密度最高，其出行密度水平较高，新区的出行密度较低，城市出行密度通常表现为由内向外递减的空间分布趋势（图 4-23）。

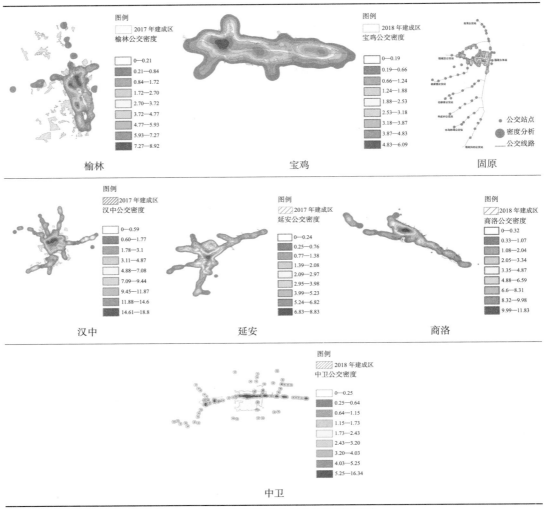

图 4-23　西北地区部分中小城市公交站点密度

4.3　城市形态结构现状类型

4.3.1　类型划分

　　西北地区中小城市的历史条件、自然基底、发展动因等各不相同，呈现出不同的空间类型，形态结构的地域类型分化日趋明显，差异性大于相似性。结合遥感卫星影像与实地调研资料，对形态结构模式进行梳理与总结。

　　从单个城市的结构形态类型来看，形成单中心、组团式、多中心三种类型。其中单中心形态结构在西北地区中小城市中所占的比重最大，达到77.8%，大多分布在地形较平坦的平原、台地和绿洲等区域，其中又以发展较慢的小城市居多；其次为组团式形态结构，占18.5%，主要分布于河谷地区，以经济发展较快的中等城市和历史文化名城为主；多中心形态结构目前在西北地区中小城市中较少，仅占3.8%，主要分布于矿业城市以及建设用地不足、另建新城发展的河谷地区。从多个城市的结构形态类型来看，形成城市组群的类型特征，其往往是在特定的地域范围内，由一定数量的、规模不等、等级不同、性质和类型可能相异或相似的城市的组合 ❶。

西北地区中小城市的整体离散程度差异较大，形态结构展现出一定的地域特性。单中心、组团式、多中心的宏观结构从微观上又可进一步划分为不同的模式，主要包括圈层模式、不规则延伸模式、工业用地外扩模式等。在单中心城市中，尚未展现出强烈的中心地段紧凑发展、外围连续蔓延拓展的空间格局，反而呈现出较多的均质性特征，城市空间密度的峰值波动比起单中心的大城市平缓得多。单中心结构可进一步分为圈层均质模式、不规则延伸模式和工业用地外扩模式。组团式城市形态的发育还不成熟，与典型组团结构存在差距，虽然大多受地形的强烈影响而在空间上呈现出了分隔的形式，在人口密度上也有着微弱的体现，但在设施上更接近单中心的城市功能布局，出行活动的中心性也较明显。组团式可进一步分为地形分割模式、旧城保护模式和开发区模式。多中心的城市结构在人口、设施和出行密度上都体现出了多个中心分隔的城市形态结构，但由于新区多处于发育初期，城市旧中心仍然居于主导地位，在人口、主要空间活动、交通出行方面都占据着较大的比重，新城中心的吸引力随着距离的推移而减弱，对于老城的依赖性较强，具体可分为跳跃模式和矿点分散模式。（表4-9）

城市组群的结构形态类型呈现出在单一城市扩展模式的基础上通过不同城市之间的产业、人口等的互动促使其逐步向一体化方向发展的特征。西北地区中小城市随着城镇化及工业化水平的提升，由于产业互补、交通便捷、政策引导等因素的影响，一定区域中临近的中小城市之间由孤立发展到联系逐渐紧密，空间中呈现出成片式发展的特征，如酒泉-嘉峪关城市组群、奎屯-独山子-乌苏城市组群。

西北地区中小城市形态结构类型　　　　　　　　　　　　　　　　表4-9

宏观层面		形态结构模式	特点	案例城市	形态结构示意
单一城市	单中心	圈层均质模式	规模相对较小城市	中卫、华阴、阿拉尔市	
		不规则延伸模式	受地形限制强烈	平凉、阿勒泰	

---

❶ 王士君等（2008年）通过对相关研究中概念的辨析认为，城市组群是在特定地域范围内，具有一定数量的、规模不等、等级不同、性质和类型可能相异或相似的城市的组合。其认为狭义上城市组群特指城市群形成和演化的中间形态，广义上可以理解为城市群体结构嬗变的过渡或城市群地域结构的构成单元。本研究中主要指西北地区两个或多个空间相互临近的、紧密联系的中小城市组合。

续表

宏观层面		形态结构模式	特点	案例城市	形态结构示意
单一城市	单中心	工业用地外扩模式	工业化初期的城市，城市周边工业用地迅速增长，部分城市周边建立工业园区	商洛、格尔木	
	组团式	地形分割模式	山水隔离形成多组团模式	汉中、安康	
		旧城保护模式	基于古城保护模式	武威、张掖	
		开发区模式	发展较快的城市	榆林、宝鸡、白银、金昌	
	多中心	跳跃模式	由于地形限制在非连续地区另建新城	铜川、延安	
		矿点分散模式	矿业开发产生的资源型城市特有的模式	乌海	
城市组群		一体化发展模式	一定区域中临近的两个或多个中小城市之间联系紧密，空间中呈现出成片发展、多中心形态结构的特征，类似于城市群的发展初期	酒泉-嘉峪关、奎屯-独山子-乌苏	

4.3.2 宏观层面不同形态结构类型的特征

1. 单中心形态结构

单中心形态结构是西北地区城市目前呈现较多的形态模式，是一般城市发展的典型结构。此类结构的城市大多分布在地形较平坦的平原、台地和绿洲等区域，其中又以发展速度较慢的小城市居多。研究发现，这种单中心形态结构既包括布局比较紧凑、职能较为单一的圈层均质模式（以绿洲城市为主），也包括形状都比较规整，从第二圈层开始发生了断裂和变形，以轴状、椭圆等形状扩展的不规则的形态，还包括多种用地摊大饼式的低密度蔓延的边缘松散模式。西北地区中小城市与我国东部地区单中心中小城市相比，少见结构性的激变，均质性更强。值得一提的是，西北地区发展迅速的单中心中等城市和发展较为缓慢的单中心小城市，其在城市规模效益和城市空间运行机制等方面明显存在着较大的差异，主要表现为小城市的空间均质性和中等城市空间的外扩性。西北地区的小城市，尤其是封闭性较强的小城市，其空间形态的均质性较强，无论在空间的可达性，居住就业的平衡性、还是空间活动的吸引力等方面都有所体现。城市中心的可达性分布较为均匀，人口、第三产业和交通流从城市中心到边缘的过渡都比较平缓。城市各区域的发展机会均等，城市建设用地的边界明确，市中心的交通压力较小，同时城市各区域之间以及城乡之间的交通联系简捷便利。对于扩展迅速的中等城市，在空间的可达性上体现出了城市环路的重要性，部分城市还呈现出边缘松散的特征。由于城区的大幅度扩展，在城市中心区的外围地域形成城市新一轮开发的主要空间，与核心区连成一体，并形成专业化的功能中心，功能中心的空间密度与城市核心区大致相当，但集聚性远低于核心区，单中心的集聚性比小城市更强（图4-24、图4-25）。

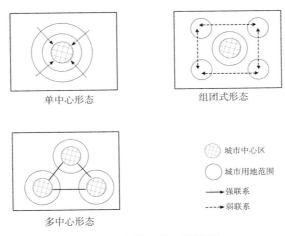

图4-24 宏观层面基本类型图示

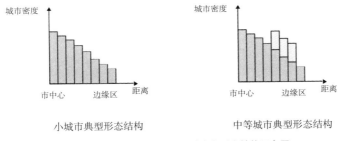

图4-25 小城市与中等城市的单中心形态结构示意图

2. 组团式形态结构

西北地区组团式形态结构与一般组团形态结构差异明显。通常讲，这类形态结构具有一个城市中心区，外围分布有不同的功能组团，外围组团大多职能单一，城市中心区具有向心集聚力的活动仍占据了城市空间活动的较大比例。西北地区中小城市的组团式结构既包括受到河谷、山川等地形的影响，组织清晰、发展均衡，空间的自发性和自组织性较强的地形分隔模式，也包括以居住、商业和行政功能用地的外迁为先导，组团间的距离较近，旧城保护为主导的组团形态，还包括老城区布局紧凑，而开发区、新区布局松散的开发区模式。西北地区组团式的中小城市，中心组团过度集中，而边缘组团过度松散，两者极化使空间力量无法整合，许多组团式结构体现出集中分散的双生格局，结构的层级性出现断裂。经过可达性和空间密度分析发现，西北地区此类中小城市组团之间的空间联系相对薄弱，一般都要经过中心区的联系而进行。由于每一个组团内缺乏内部中心和腹地的集中 - 扩散关系，内在结构得不到强化，因此产生了整体的结构性失衡问题。各组团之间的空间活动缺乏中观层面的协调，城乡过渡地带没有过渡性的结构层级，空间活动由城市中心组团向外衰减。同时组团型城市形态结构的内在发展动力不足，尤其由开发区建设带动城市组团发展的空间模式中，开发区与城市功能组团协调共生的速度和质量都有待提升。西北地区许多分布于河谷地区的中小城市在依据山河而建的道路体系影响下自发地形成了组团式形态。此外随着城市规模扩大，部分经济发展较快的城市和历史文化名城在发展中受旧城保护政策的影响也逐步采用了这种形态结构，其中以中等城市居多。空间活动由城市中心组团向外衰减，在可达性和土地利用上表现为以城市中心组团为主的圈层式递减的开发强度分布。

3. 多中心形态结构

西北地区多中心形态结构与东部大都市区多中心城市形态结构差异明显。多中心形态结构通常是指大都市区域层面下由空间上相互独立，多个同属于同一等级的城市或城市内部区域组成的一种网络化空间模式，其单个中心在城市和区域内的"绝对中心"地位相对弱化。西北地区多中心形态结构既包括由于河谷的强烈天然限制而形成的飞地跳跃的空间发展模式，也包括许多资源型城市由于一矿一点的开发模式形成了一城多中心的分散布局模式。西北地区的多中心多是因资源分布、地形条件等的制约而形成的，呈现出较强的时间序列性，形态结构在可达性和空间密度中显现出多个中心的特征，但是其共生性不足，虽然也存在着"绝对中心"弱化的现象，但却是由于城市建设过于分散，各中心发育不足而造成的，并不是多个中心发育成熟下的平等网络状态。不同发展阶段城市空间活动的集中区域由于资源的开发和枯竭、新交通干线的修建、建设用地的不足等原因在不同的中心之间移动，从而最终形成了多个中心的形式。从空间网络化和区域协调性的角度看，西北地区中小城市中每个中心之间的空间联系并不强烈，整体发展的协同性低，与发达地区大都市的多中心空间结构差距很大。总体上讲，其发展还均处于初级阶段，多中心形态结构的中心感较差，新城空间的集聚能力较弱，多个中心之间的联系薄弱，城市整体空间不均衡。与大都市多个城市中心可以自由交换空间物质的状态存在着较大的差异。同时多中心空间中新城空间密度和可达性在中心区和外围次级中心都有多次波动，但密度和可达性的波动区间不相一致，新城中心可达性与空间密度分离，造成新城可达性中心并不是城市密度最高的区域。城市的空间密度中心一般位于原有基础较好的以居住为主的中心地域，而与城市规划建设的可达性中心相分离（图4-26）。

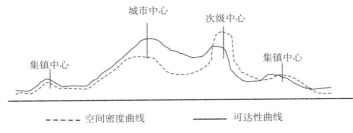

图4-26　多中心形态结构中新城的密度曲线和可达性曲线示意

4. 城市组群形态结构

类似于城市群的发展初级阶段，西北地区中小城市组群往往会经历分散发展的单个城市、城市组团阶段、城市组群扩展阶段、一体化发展阶段等历程。在城市发展早期，城市发展规模相对较小，在区域中，不同城市往往处于低水平均衡的城市孤立发展阶段。随着工业化和城镇化进程的加快，距离相对较近、主导产业具有一定互补性的中小城市联系逐渐紧密，开始进入城市组团发展阶段。随着专业化分工的加强，在交通运输、通信网络完善等因素的影响下，临近的两个或多个中小城市空间相互作用不断加强，不同城市之间建设用地趋于连片发展。随着城市组群内不同中小城市之间联系程度逐渐紧密，不同城市之间职能与资源禀赋有机联系、互为补充，区域内社会经济高度融合，逐步进入一体化发展阶段。西北地区中小城市组群目前仍处于扩展阶段，如酒泉-嘉峪关城市组群用地功能的互补发展引导了两地居民之间的紧密联系，未来随着交通、技术、政策等对空间阻抗的消除，将会进一步促进酒嘉一体化进程。

4.3.3　微观层面不同类型模式的特征

1. 单中心形态结构

西北地区的单中心形态结构，由于地形、城市的发展阶段、城市发展战略的不同，从整体上看城市虽然都只有一个中心，但其空间活动的模式却有所不同，可以细分为三种类型。一是圈层均质模式。这类城市布局一般比较紧凑，城市的中心区聚集着大量的商业、行政、文化设施，具有高度的吸引力，居住和工业用地在外围圈层布置，呈现团块式形状，具备均匀布局的特点。这类城市一般职能较为单一，在西北地区多为周边乡镇的行政和商贸中心，对外经济欠发达、城市较封闭，因而受外界干扰最小，城市形态的紧凑度较高。这种类型的城市中，绿洲城市占了很大的比例，因为对于绿洲城市而言，由于匮乏的水资源和土地资源，城市的形态比一般的城市更为紧凑。二是不规则伸展模式。西北地区部分地形复杂的河谷、山地等城市，受到河流、山川的阻挡，其空间形态呈现出不同的形状，但其中心区的集聚性仍使各个方向的空间活动向此汇聚，仍然属于单中心形态结构，只是城市用地以向河谷山涧外溢的形式满足发展的需求。这种形态结构在中心区的布局上与第一种类型的单中心结构类似，形状都比较规整，相差不大。一般从第二圈层开始发生了断裂和变形，以轴状、椭圆等形状扩展，并且居住、行政、轻工业、商业批发业、文教业等功能混杂，地域分化程度不高，主要因为这类河谷型城市用地受到强烈限制，同时与西北地区的部分河谷型城市发展水平不高也有一定关系。再向外层则是向不同方向伸展的片状工业区，伸展方向大致沿主、次河谷进行，使城市最终呈现不规则的形态结构。三是工业用地外扩模式。多分布于经济发展正在起步的城市，由于经济活动使得城市对土地资源需求量增大，原有的空间边界逐步被打破，其中以工业用地布局的跳出最为典型，但由于产业实力不足并没有形成离开城市较远的专业化集聚区，而只是跳出老城在城市边缘的一个方向逐步发展，从而使形态结构呈现松散的不规则化特征。经过空间句法研究，这类城市的可达性也随着单一用地的外扩有所下降。

2. 组团式形态结构

西北地区中小城市的组团式结构，因为形成原因的不同，虽然整体上都呈现多组团的形态，但是通过具体城市调研和大量的城市现状图进行详细的分析，可以发现它们在组团间的距离、布局、城市整体空间组织和紧凑度上都有所不同。主要可以细分为以下三种类型：一是地形分隔模式。此类型的城市受到河谷、山川等地形的影响，在城市发展到一定的规模，单中心的城市空间已经无处拓展的时候，必然出现了跨越自然屏障形成组团空间形态的局面，因此地形影响力和城市规模之间的临界点是决定其形成组团型城市的关键。这类城市依地形布局，自然屏障使组团的格局不容易被打破，从图面上来看组织清晰、发展均衡，空间的自发性和自组织性较强。二是旧城保护模式。这类旧城保护为主导的组团形态，一般以居住、商业和行政功能用地的外迁为先导，组团间的距离较近，对老城的依赖性较大，尤其是古城的商业活动吸引力较强且时间持久。三是开发区模式。这种类型的组团城市中，开发区或新区与老城区的距离相对前两种类型来讲通常稍远一些，而且两者空间形态的对比度很大，地块密度和开发强度截然不同，老城区布局紧凑，而开发区、新区的布局松散。从可达性空间分布和空间密度的研究来看，两者之间的联系大多不太紧密，开发区的空间密度不高，集聚力较弱，这与开发区和新区的发展历史较短有着很大的关系。

3. 多中心形态结构

一是跳跃模式。跳跃式的形态结构在西北地区主要是由于河谷的天然强烈限制而形成的。城市发展到一定阶段后，城市规模迫切需要扩展而周边用地难以利用，就近发展不利的情况下必将跳出河谷，向外围寻求支撑点，建立如独立区镇或卫星城镇，形成飞地跳跃的空间发展模式。二是分散布局模式。西北地区的许多资源型城市由于一矿一点的开发模式形成了一城多中心的空间形态，这与我们通常探讨的国外和我国东部大都市多中心形态在形式上呈现出类似的特点，但是在形成原因、城市整体形态组织、各中心空间联系上都有着很大的不同。多个中心并非是在经济水平达到一定程度后城市空间的网络化平等分区，而是形成发展于各自服务的矿点基础上，因城区之间相隔遥远，各自的功能用地在矿区范围内分别布局完成，保持相对独立的发展，因而形成了多中心的形式。

4. 城市组群形态结构

西北地区中小城市组群形态结构相对较少，较为典型的为酒泉 - 嘉峪关城市组群及

奎屯 - 独山子 - 乌苏城市组群。酒泉 - 嘉峪关城市组群中酒泉是以商贸和轻工业为主导的传统中心城市，嘉峪关为伴随着酒泉钢铁公司建设而逐步发展起来的新型工业城市，早期两座城市之间联系相对较弱。随着经济的发展和城市化进程的加快，在交通、政策等因素的影响下，两市之间逐渐形成嘉峪关片区、酒嘉新区、酒泉片区组团式发展的特征。随着两市间的地缘联系更加紧密，两地居民的日常往来也日益频繁，城市之间的职能分工也更加明确，空间趋于连片发展的特征。奎屯 - 独山子 - 乌苏城市组群中乌苏原为蒙古准噶尔部游牧地，后清政府在此地设立县制派兵驻防，独山子是伴随着石油采炼的发展而逐步形成的城市，奎屯是随着新疆生产建设兵团第七师师部的迁移而逐步形成的城市，在城市形成早期不同城市之间联系相对较弱。随着该区域中石化工业的快速发展，奎屯 - 独山子 - 乌苏区域成为新疆人口聚集和经济增长较快的重要地区，形成城市组团发展的特征。在政策、交通、资源等因素的影响下，三市之间互动性和互补性逐渐增强，城市之间建设用地快速增长，逐步进入城市组群快速扩展的阶段。现有的发展过程中仍然存在产业同构与重复建设、污染外部化等问题，未来在政策引导、产业错位发展等因素的影响下，将会逐步进入一体化发展阶段。

下篇

中小城市空间扩展绩效研究

5 酒泉－嘉峪关空间结构绩效测度与评价

西北地区一些中小城市或因新区开发或工业园区建设向外跳跃发展，或在两个毗邻的中小城市或两个规模相似的小城市区域呈现出"多中心"现象。由于缺乏多中心形成的推动力量、触发因素和媒介因素，城市空间扩展整体呈现出低密度、低强度、多功能区的空间发展特征，但紧凑度和离散程度等方面表现出较大差异，城市形态结构的地域类型分化日趋明显，暴露出城市规模与城市空间结构不匹配的矛盾，空间结构的低绩效问题逐渐显现。因此，亟待认识其扩展的绩效，以对其空间布局进行合理引导。为应对城市空间绩效的复杂性，可以从不同角度、维度、尺度与层次上对其进行测度与评价。本章从城市区域尺度对近域毗邻的两个中小城市空间结构绩效进行测度。

5.1 多中心联动视角下的绩效测度方法

西北地区一些中小城市因新区开发或工业园区建设向外跳跃发展出现"多中心"现象，如陕西铜川市、韩城市、宁夏石嘴山市等；或在两个毗邻的中小城市或两个规模相似的小城市区域而呈现"多中心"现象，如酒（酒泉）－嘉（嘉峪关），奎（奎屯）－独（独山子）－乌（乌苏）等城市区域。研究以酒（酒泉）－嘉（嘉峪关）为对象，从城市组群内部和外部两方面探讨其结构绩效。

酒（酒泉）－嘉（嘉峪关）（以下简称"酒嘉"）地处甘肃省河西走廊西段，是西陇海兰新经济带的重要节点城市和经济、人口相对集中分布的区域（表 5-1）。两市中心城区相距约 18 公里，且中间地势平坦，无山体、河流等自然阻隔。2010 年以后，伴随着酒嘉新区的建设发展，两市的联系日渐紧密，在两市间出行的居民人数不断增加，与此前日常出行目的地单一、来往人数较少的情况形成了鲜明的对比。

酒泉市、嘉峪关市人口和建成区面积 表 5-1

年份	酒泉		嘉峪关		酒嘉中心城区	
	建成区面积（公顷）	人口（万人）	建成区面积（公顷）	人口（万人）	建成区面积（公顷）	人口（万人）
2000	837.94	14.05	5770.7	15.9	6608.7	29.9
2004	2819.4	15.2	6978.7	16.6	9798.1	31.8

续表

年份	酒泉		嘉峪关		酒嘉中心城区	
	建成区面积（公顷）	人口（万人）	建成区面积（公顷）	人口（万人）	建成区面积（公顷）	人口（万人）
2009	5489.1	19.8	8237.4	18.7	13726.5	38.5
2012	5959.7	20.3	8986.5	23.4	14946.2	43.7
2014	6629.8	21.8	10165.2	24.1	16795.1	45.9

区域结构反映区域内城市间关系，其结构绩效是内部各城市相互作用的综合结果。酒嘉中心城区空间结构的发展经历了"双核双中心两区"孤立发展阶段、"双核双中心三区"联动酝酿阶段、"双核双中心三区"联动起步阶段、"双核三中心三区"联动加速阶段这四大阶段，由"双中心两区"到"三中心三区"的演变充分反映出酒嘉中心城区具有"双核多中心"的空间结构特征（表5-2）。因此，对于酒嘉中心城区空间结构绩效方面的研究主要架构于"多核多中心城市组群"方面的相关研究成果之上。有关多核多中心城市组群空间结构绩效的研究维度主要包括空间效应和功能效应两大类，空间效应主要包括空间规模效应、交通通达效应，功能效应主要包括集聚与辐射所产生的"场效应"、空间相互作用、功能互补效应以及内部自容性效应；研究尺度主要分为外部效应和内部效应两大效应，外部效应指区域整体与其外界相互作用所产生的外向"场效应"，内部效应指区域内部各城市各中心之间相互作用所产生的效应。基于此，本章对酒嘉中心城区空间结构绩效展开研究（表5-3）。

酒嘉中心城区空间结构演变分析表 　　　　　　　　　　表5-2

空间结构演变	空间拓展方向			拓展主要用地			空间形态		工业园区数量		
	嘉峪关	酒泉	酒嘉中心城区	嘉峪关	酒泉	酒嘉中心城区	嘉峪关	酒泉	嘉峪关	酒泉	酒嘉中心城区
双核双中心两区孤立发展阶段（2004年前）	向南和向北	向南和向东	向南向北	工业	工业	工业	规则饼状	规则饼状	1	1	2
双核双中心三区联动酝酿阶段（2005—2009年）	向南和向东	向南，向西开始起步	向南	工业和居住	工业	工业	规则饼状	近似"7"字	2	2	4
双核双中心三区联动起步阶段（2010—2012年）	向南和向东	向西	相向拓展起步	居住、公园景观等公共用地	工业	工业及公共用地	离散饼状	"7"字	3	2	5
双核多中心三区联动加速阶段（2013年至今）	向南和向东	向西	相向拓展加速	居住、公园景观等公共用地	工业和居住	工业、居住及公共用地	离散饼状	"7"字	3	2	5

		酒嘉中心城区空间结构绩效分析框架	表 5-3
分析尺度	分析维度	分析指标	测度方法
双核多中心联动外部效应		首位城市场效应	城市流强度
双核多中心联动内部效应	空间联动效应	空间规模效应	人口密度紧凑度
		交通通达效应	交通可达性
	功能联系效应	空间相互作用效应	重力模型
		居民日常出行效应	问卷统计
		产业互补效应	产业结构相似系数

5.1.1 双核多中心联动外部效应测度方法

由于增长极战略成功与否主要取决于增长极（首位城市）的极化和扩散效应（场效应）是否强烈，因此区域经济增长极（首位城市）的选择和培育对区域的发展至关重要。在谨慎选择和精心培育区域经济增长极之前，有必要分析区域中心对外围地区扩散效应（或涓滴效应），其中重要的计量手段之一是分析区域内的首位城市与其他城市间的城市流强度。研究采用城市流强度模型来分析酒嘉中心城区在酒嘉大区域内的首位城市场效应。

城市流强度是指区域内各城市外向功能（集聚与辐射）所产生的影响量，计算公式如下：

$$F_i = N_i \times E_i$$

式中，F_i 为 i 城市所具有的城市流强度，即城市之间发生经济集聚和扩散时所产生的要素流动强度，反映了城市的经济影响力；E_i 为 i 城市外向功能量，即 i 城市为区域提供服务的能力；N_i 为 i 城市的外向功能效率，即城市之间单位外向功能量所产生的实际影响。

N_i 通常用人均从业人员的 GDP 表示，即：

$$N_i = P_i / G_i$$

式中，P_i 表示 i 城市的 GDP；G_i 表示 i 城市从业人员数。

判断城市是否具备外向功能量 E，主要是分析城市某一部门从业人员的区位熵。相对于区域而言，判断该部门是否有为区域提供服务的专业化部门。计算公式如下：

$$Lq_{ij} = \frac{G_{ij}/G_i}{G_j/G}$$

式中，Lq_{ij} 表示 i 城市 j 部门从业人员区位熵；G_{ij} 表示 i 城市 j 部门从业人员数；G_i 表示 i 城市从业人员数；G_j 表示区域 j 部门从业人员数；G 表示区域从业人员总数。只有当 $Lq_{ij} > 1$ 时，i 城市 j 部门存在外向功能，意味着 i 城市总的从业人员中分配给 j 行业的比例超过了区域的分配比例，即 j 行业在 i 城市中相对于区域是专业化部门，可以为城市群其他城市提供服务。因此 i 城市 j 部门的外向功能量 E_{ij} 为：

$$E_{ij} = G_{ij} - E_i \times \left(\frac{G_j}{G}\right) = G_{ij} \times \left(1 - \frac{1}{Lq_{ij}}\right)$$

i 城市 m 个部门总的外向功能量 E_i 为：

$$E_i = \sum_{j=1}^{m} E_j$$

则总公式最终可进一步转化为：

$$F_i = N_i \times E_i = \frac{P_i}{G_i} \times E_i = P_i \times \sum_{j=1}^{m} E_j \bigg/ G_i$$

5.1.2 双核多中心联动内部效应测度方法

1. 空间联动效应

（1）空间规模效应

由于城市实际增长的边际成本和边际效益很难计算，导致最优城市规模没有"实际解"，所以难以采用人口数量、土地面积等反映城市外在规模特征的因子来具体评价城市空间结构效应。城市密度（人口密度、就业密度等）指标可以在一定程度上判定区域产业与居住空间的分布是否紧凑，以此衡量区域的发展质量与发达程度。受区域就业密度数据获取程度的影响，本章以人口密度为切入点来分析酒嘉中心城区双核多中心联动的空间规模效应。

对于城市区域而言，其城市之间往往保留有大规模自然生态用地，人口的空间分布不连续，使得用总人口除以总面积求取平均人口密度的传统方法不能准确反映城市区域的人口密度。由于好的区域空间结构绩效发挥的关键在于内部各节点的空间配置关系，即合理和有效的节点空间组织，可通过区域紧凑度进行测度，且紧凑度与空间规模效应正相关，因此本章选取人口密度紧凑度模型测度酒嘉双核多中心联动空间规模效应。

人口密度紧凑度计量模型如下：

$$I_{pd} = \sqrt{\sum_{i=1}^{n} (x_i - \bar{x})^2 \bigg/ n - 1 \times \frac{\sum x_i}{n}}$$

$$x_i = \eta_j \times \frac{P_i}{A_i}$$

式中，I_{pd} 为人口密度紧凑度；x_i 表示选取的多中心城市区域中第 i 城市的相应指标值；$\bar{x}$ 为相应指标的平均值；n 为城市数量个数；η_j 为不同城市等级的权重（通过熵技术支持下的专家群民主决策法计算获得），j 为 1—5，即超大城市、特大城市、大城市、中等城市和小城市五个等级，相应的权重分别为 0.36、0.28、0.20、0.12 和 0.04；P_i 为第 i 市的总人口；A_i 为第 i 市的面积。

（2）交通通达效应

交通网络是促进区域内各种资源要素快速流动的一个重要载体，是一个地区经济发展的基本条件和联系外部的纽带。城市在交通网络中的重要性取决于它和其他节点之间的关联程度，可采用交通可达性来表征。作为测定时空距离的一项有效指标，交通可达性是指从一个地方到另一个地方的快捷程度，能够反映某一城市与区域内其他城市或区域之间发生空间相互作用的难易程度，其程度影响着不同城市的地位与职能。多核多中心城市组群的内部交通可达性是多核多中心联动效应能否充分发挥的重要条件，能够反映区域内的交通联动效应。

研究首先根据国家规定的各等级道路工程技术标准，充分利用百度地图等提供的2015年酒嘉中心城区道路交通网络数据，结合酒嘉中心城区的路网密度与质量，分析得出酒嘉中心城区不同等级道路的每公里时间成本。其次，由于铁路是酒嘉两市与外部城市联系的主要交通联系工具，其中酒泉火车站位于酒泉中心城区以南约11km，市民到达较为不便，且两市间日常的交通往来主要依靠公路，因此研究在测度酒嘉中心城区空间结构交通通达效应时仅考虑公路交通的影响。酒嘉双核多中心联动的交通通达效应测度公式具体如下：

$$A_i = \sum_{j=1}^{n} T_{ij}/(n-1)$$

式中，A_i 为节点 i 的可达性；j 为区域中的栅格；n 是栅格数目；T_{ij} 是从 j 栅格到 i 点的最短时间距离。A_i 值越小，其可达性越好，交通通达效应越强。

2. 功能联动效应

（1）空间相互作用效应

空间相互作用理论最早是由美国地理学家 E.L.Ullman 在综合了 B.Ohlin、S.S touffer 等人观点的基础上提出的。区域内部的各城市之间不断地发生着人流、物流、资金流、技术流、信息流的频繁、双向或多向的流动，即进行着空间相互作用，这种作用使彼此分离的城市结合为具有一定结构和功能的有机整体。通过空间相互作用可以看出一个城市空间结构效应的基础实力与发展潜力。在长期研究中，人们发现牛顿万有引力模型可以用来较好地测度空间相互作用。研究借助牛顿万有引力模型测度酒嘉双核多中心的空间相互作用效应，具体计算公式如下：

$$T_{ij} = k \times \frac{\sqrt{P_i \times V_i} \times \sqrt{P_j \times V_j}}{D_{ij}^2}$$

式中，T_{ij} 为 i 城市与 j 城市之间的相互作用强度；P_i 和 P_j 分别为 i 城市和 j 城市的经济指标，取国内生产总值；V_i 和 V_j 分别为 i 城市和 j 城市的人口指标，取常住人口；D_{ij} 是两市的距离或时间，这里取时间，用以消除直接采取空间距离所造成的交通摩擦和空间可达性影响；k 为常数，这里取 1。

（2）居民日常出行效应

随着城市化和城市组群化的快速发展，城市要素和职能的外溢扩散与城市人口结构及生活方式的多元化相互作用，城市居民的日常出行已经不再局限于城市内部，新的职住通勤、休闲出行关系网络逐渐形成，使得都市区、城市群内部的社会经济功能协同和生活网络形成。一个城市组群内职住平衡程度越高，其组群内的日常功能性流动越强，其自容性程度就越高，区域发展的联动效应也越好。酒嘉中心城区因地缘相近、人缘相亲，长期以来形成了"看城市上嘉峪关，买东西下酒泉，在嘉峪关买房，在酒泉工作"的生活方式，由此推测居民日常出行产生了一定程度的酒嘉双核多中心联动效应。但是该效应是否仅体现在跨市间购物、买房、工作这三大方面？两市居民的日常出行往来频繁程度如何？其发展趋势如何？研究通过问卷调查与访谈深入调研分析上述问题，并测度酒嘉中心城区居民日常出行的社会效应。

（3）产业互补效应

马克思主义经济理论认为，劳动地域分工是社会生产力发展到一定阶段的产物，分工与合作相互依存。当资源禀赋、发展基础、经济结构、生产效率等方面存在较大差异时，区域之间通过分工与合作相互促进以提高效率和效益。合理的地域分工有利于减少区域间恶性竞争，使区域之间实现优势互补、优势共享或优势递加，以此获得整体大于部分之和的合成效益，形成高级有序的区域产业结构和空间结构。产业互补是劳动地域分工的表现形式，互补性越高，表明专业化程度越高。对区域间产业互补性的测度有助于深层次探讨区域分工与合作及发展策略存在的问题。由于酒嘉中心城区的工业产值占比较大，属于典型的工业城市，因此以第二产业为主对其产业互补效应进行深入研究。分析首先分别求取酒嘉两市各行业产业的总产值比重，其次比较两市产业结构相似系数，从而通过比较城市的产业结构相似系数来测度产业互补效应，测度公式如下：

$$X_{ik} = Y_{ik}/Y_i$$

$$S_{AB} = \frac{\sum_{k=1}^{n}(X_{Ak}X_{Bk})}{\sqrt{(\sum_{k=1}^{n}X_{Ak}^2)(\sum_{i=1}^{n}X_{Bk}^2)}}$$

式中，X_{ik} 为 i 区域第二产业部门中 k 行业的产业总产值在 i 区域第二产业总产值中所占的比重；Y_{ik} 为 i 区域第二产业部门中 k 行业的产业总产值；Y_i 为 i 区域的第二产业总产值。S_{AB} 表示 A、B 区域工业相似系数；X_{Ak} 和 X_{Bk} 分别表示部门 k 在区域 A 和区域 B 的工业结构中所占比重。

5.2　酒泉 - 嘉峪关城市组群结构绩效分析与评价

《酒泉 - 嘉峪关区域经济一体化发展规划》确定酒泉市中心城区和嘉峪关市共同组成的酒嘉中心城区为酒嘉区域中心城市，发展定位为西陇海兰新经济带兰州以西、乌鲁木齐以东最大的中心城市，辐射带动酒嘉城镇群和敦瓜城镇群。作为酒泉 - 嘉峪关城市组群的首位城市和中心城市，酒嘉区域中心城市在经济集聚和扩散过程中产生各种各样的要素流动，与大区域内其他节点城镇相互作用，其综合影响力即"场效应"随之发生变化。同时，酒泉与嘉峪关两市中心城区在共同形成的双核多中心之间不断发生着空间和功能上的各种联系，形成双核多中心结构的内部联动发展。基于此，研究对酒嘉中心城区空间结构绩效的分析将从双核多中心联动外部效应和双核多中心联动内部效应这两大层面展开。其中，外部效应指酒嘉中心城区作为酒嘉大区域中的首位城市对区域内其他次节点城镇的集聚与辐射作用下的综合"场效应"，属于功能效应；内部效应指酒嘉两市之间各要素的相互流动效应，具体包括双核多中心内部空间联动效应和双核多中心内部功能联动效应。

城市空间演变带动城市空间结构绩效的相应变化。对于城市空间结构绩效研究不仅需要比较不同城市空间结构绩效的差异，而且需要分析同一城市在不同发展阶段的空间结构绩效演变。分析城市空间不同发展阶段的空间结构绩效有助于总结城市一定时期内的空间发展规律，为城市空间结构优化调整提供可行性建议。酒嘉中心城区空间演变主要可划分为四个阶段，分别是 2004 年前双核双中心两区孤立发展期、2005—2009 年双核双中心三区联动酝酿期、2010—2012 年双核双中心三区联动起步期、2013 年至今双核多中心三区联动加速期。对应此四阶段，并选取每个阶段的代表年份，研究对酒嘉中心城区空间结构绩效展开研究。

5.2.1 双核多中心联动外部效应分析与评价

酒嘉中心城区外部联动效应可用城市流强度来衡量，城市流强度以城市各行业的从业人员数为核心数据。为反映酒嘉中心城区外部联动效应，研究首先根据相应年份的酒泉肃州区与嘉峪关市《国民经济与社会发展统计公报》统计地区生产总值。其次，研究以《酒泉肃州区统计年鉴》《嘉峪关统计年鉴》和《中国城市统计年鉴》为基础数据源，依据国民经济行业分类并剔除其中主要服务于区域内部而对外影响力较小的行业，重点统计制造业、交通运输、仓储及邮电通信业、信息、计算机服务和软件业、批发和零售贸易、住宿和餐饮业、金融业、租赁和商务服务业、科学研究和综合技术服务业、文化、体育和娱乐业等 9 大行业的单位从业人员数并相加获取从业人员总数。最后，根据公式计算不同时期的城市流强度（表 5-4）。

酒嘉中心城区城市流强度计算结果　　　　　　　　　　　　　表 5-4

时间节点	地区生产总值 P_i（亿元）	总从业人数 G_i（万人）	功能效率 N_i	外向功能量 E_i	城市流强度 F_i
2004 年前	75.70	7.25	10.44	0.99	10.34
2005—2009 年	253.25	8.37	30.26	0.92	27.84
2010—2012 年	453.62	10.62	42.71	1.45	61.92
2013—2015 年	422.17	11.38	37.10	0.89	33.02

由表 5-4 分析可知，2009 年以前酒嘉中心城区整体的外向功能基本稳定，在 2010—2015 年间发生先升后降的波动，其中 2010—2012 年期间跃升到 1.45，外向功能量最大；

2013—2015 年又下降至 0.89。2012 年以前，城市流强度持续上升，且在 2010—2012 年期间城市流强度达到 61.92 的峰值，在 2013—2015 年期间迅速降至 33.02，较前一阶段降了将近 50%。整体来看，酒嘉中心城区首位城市的场效应在 2012 年以前逐年增强，在 2012 年以后减弱。

分析发现，伴随着区域内部某些部门在大区域中专业化程度的降低，其对城市以外区域的服务能力变弱，区位熵随之降低，导致酒嘉中心城区城市流强度下降（图 5-1）。当前,酒嘉中心城区区位熵大于 1 的行业由高到低排序依次是制造业,批发和零售贸易业,科研和综合技术服务业，信息、计算机服务和软件业，金融业，交通运输、仓储及邮电通业。区位熵在 0.5-1 之间的行业主要有住宿、餐饮，租赁和商务服务业，文化、体育和娱乐业。

通过对近 10 年来酒嘉中心城区主要行业区位熵的变化分析发现（图 5-1），作为区域支柱产业的制造业及批发和零售贸易业的区位熵在 2009 年后大幅下降，较大程度地影响了酒嘉中心城区外向功能和对外城市流强度。相反地，科学研究和综合技术服务业，信息、计算机服务和软件业，金融业，交通运输、仓储及邮电通信业发展较快，其区位熵在近几年超过 1，已经成为带动整个区域发展的专业性部门。住宿和餐饮业，租赁和商务服务业，信息、计算机服务和软件业的区位熵较低，对外影响力较弱，尚不足以成为酒嘉中心城区的专业化部门，其支撑酒嘉的区域地位的能力有待培育加强。

综上分析，作为酒嘉大区域的首位城市，酒嘉中心城区的各产业部门在持续调整中，其中住宿和餐饮业，租赁和商务服务业，信息、计算机服务和软件业逐渐起步；科学研究和综合技术服务业，信息、计算机服务和软件业，金融业，交通运输、仓储及邮电通信业迅速发展；制造业，批发和零售贸易业趋于稳定。

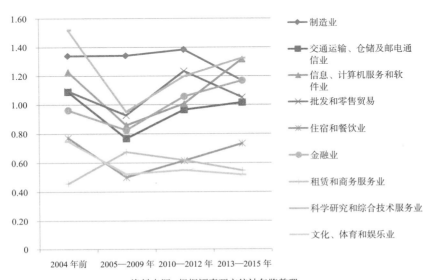

资料来源：根据酒嘉两市统计年鉴整理。

图 5-1　酒嘉中心城区重要行业区位熵变化

5.2.2 双核多中心联动内部效应分析与评价

1. 空间联动效应

（1）多中心结构体系不完善，整体集聚力量薄弱

据统计，酒嘉两市中心城区常住人口低于 50 万，属小型城市。依据人口密度紧凑计量模型可求得 2004 年以来酒嘉中心城区各时段的人口密度紧凑度（表 5-5）。总体看来，以 2012 年为拐点的前期，酒嘉中心城区人口密度紧凑度持续降低，后期人口密度持续上升，但总体水平仍然较低。其中，嘉峪关市的平均人口密度和变化幅度均小于酒泉市，酒泉的人口密度在 2005 年以后降幅较大。

酒嘉中心城区人口密度紧凑度　　　　　　　表 5-5

时间节点	酒泉			嘉峪关			酒嘉中心城区
	建成区面积（公顷）	人口（万）	人口密度（人／公顷）	建成区面积（公顷）	人口（万）	人口密度（人／公顷）	人口密度紧凑度
2004 年前	2819.4	15.2	53.9	6978.7	16.6	23.8	0.934
2005—2009 年	5489.1	19.8	36.1	8237.4	18.7	22.7	0.445
2010—2012 年	5959.7	20.3	34.1	8986.5	23.4	26.0	0.274
2013—2015 年	6629.8	21.8	32.9	10165.2	24.1	23.7	0.295

资料来源：根据酒嘉两市统计年鉴、影像资料等统计整理。

分析发现，导致酒嘉人口不聚集的主要原因有两方面。一方面，受区域中心体系发展的影响。酒嘉中心城区尚处于空间外扩的加速期，三大中心目前发展不均衡，各自的优势功能不突出。其中酒泉老城中心发展相对成熟，嘉峪关老城中心内部功能布局较分散，空间集聚力量较弱，初步形成的酒嘉新区中心还处于建设中，空间集聚力量还有待进一步提升。酒嘉城市中心作为人口和产业的集聚地，整体发展不成熟，多中心结构体系的不完善，较大程度地影响着区域人口密度的紧凑度。

另一方面，受制于区域内部空间功能建设。2005—2009 年，酒泉西郊产业园和嘉峪关嘉北产业园陆续开工建设；2010—2012 年间，西郊产业园进一步朝规模化发展的同时，嘉峪关讨赖河新区开始建设，酒嘉中心城区的整体骨架被拉大，但各项设施还不完善，对外来人口的吸引力不大，导致城市的对外扩张速度远远超出其人口增长速度，进一步造成区域人口密度紧凑度的下降。2012—2015 年间，区域外向扩展的速度减慢，内向填充发展加快。酒泉西郊产业园形成，各项设施也基本完善，嘉峪关讨赖河居住新区、公园等建设也不断跟进，对外来人口的吸引力增大，拉升了区域人口密度紧凑度。上述变化过程符合区域发展的一般规律，即当区域处于迅速扩展阶段时，紧凑度下降；当区域转为内部填充、更新发展阶段时，紧凑度上升。

综上分析，酒嘉双核多中心联动发展的过程中，区域整体处于快速扩展阶段，区域

多中心结构体系不完善，紧凑程度较低，空间集聚能力较弱，但整体处于由外部扩展转向内部填充、由数量增长向质量增长的发展方向上。

（2）交通可达性有所改善，城际线路组织有待引导

依据《酒嘉区域一体化规划》对酒嘉中心城区的组团划分，并结合城市空间扩展的实际情况，可以得到双核城市区域内组团在不同时期的发展过程（区域栅格数）。2004年以前，酒嘉中心城区由嘉峪关（酒钢集团、嘉峪关老城组团），酒泉（酒泉中心组团、酒泉城南产业组团）4个组团构成；2005—2009年组团数量增至7个，其中嘉峪关新增嘉北产业组团，酒泉新增酒泉西郊产业组团、酒泉高铁组团；2010—2012年，组团数未发生变化；2013—2015年间，嘉峪关新增嘉东产业组团，组团总数达到8个。研究以嘉峪关老城组团和酒泉中心组团为区域中心，结合百度地图中的"设定路线"与"调整"路线功能，分别求取区域内其他组团（栅格）到这两个中心的最短时间距离，这两个最短时间距离的平均数为双核城市整体的平均最短时间距离，即平均可达性（图5-2）。依据《公路工程技术标准》JTG B01—2014，结合酒嘉中心城区的路网密度和路网质量，设置高速公路80km/h，主干路60km/h，次干路40km/h，支路30km/h。

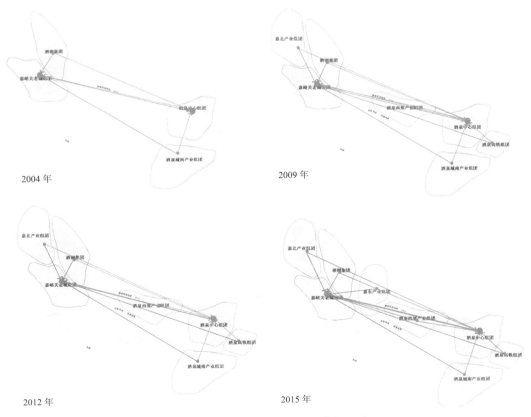

2004 年

2009 年

2012 年

2015 年

图5-2 酒嘉中心城区交通可达性计算分区示意

由表 5-6 可以看出，双核多中心联动发展以来，酒嘉中心城区的可达性逐年提高，从 2004 年前的 0.38h 提高到 2015 年的 0.28h。进一步比较酒泉、嘉峪关两中心城区的可达性，2004 年，两市的可达性指数处于同一水平，均为 0.38h；2004 年以后，嘉峪关的可达性稳定提升，而酒泉的可达性先升后降，变化幅度较大。酒泉交通可达性改善的主要原因是酒嘉城际联系通道的建设。2012 年，酒嘉城际间的联系通道（321 国道）升级为酒嘉快速通道，行车速度从 60km/h 上升到 80km/h，成为连接酒嘉两市中心的最便捷道路。同年酒泉境内连接酒嘉快速通道的飞天路建成，成为酒泉对外的最主要道路。这两条道路的建成较大幅度地提升了酒泉的交通可达性。但外延式扩展又降低了酒泉的可达性。2013—2015 年，嘉北工业园区整体向北扩展，导致其与酒泉的平均连接时间增长，同时嘉东产业园区到达酒泉的时间也较长。总体来看，近 10 年来酒嘉双核多中心联动交通可达性有所改善，其中 2010—2012 年间城市道路设施建设较快，交通可达性改善较明显。

酒嘉中心城区交通可达性计算结果   表 5-6

时间节点	酒泉可达性	嘉峪关可达性	区域栅格数	双核整体可达性
2004 年前	0.38	0.38	4	0.38
2005—2009 年	0.35	0.33	7	0.34
2010—2012 年	0.28	0.30	7	0.29
2013—2015 年	0.30	0.27	8	0.28

尽管近 10 年来酒嘉双核多中心联动的交通通达效应有所改善，但其现状交通系统依然存在着较多问题。主要表现为：①酒嘉之间联系通道依旧过少，车行拥堵。清嘉高速仅在肃州路、新华南路两处设置互通出入口，且主要用于对外交通，使得 G312 国道成为酒嘉之间的主要联系通道，导致 G312 国道日常运输量大，早晚高峰期车行拥堵，影响出行。②过境交通繁忙，车辆混行。G312 穿城而过，过境交通严重干扰城市交通，存在安全隐患。各大产业用地沿国道布置，缺乏完善的工业园区交通系统。③清嘉高速穿城而过对酒嘉中心城区发展存在分割作用。清嘉高速沿酒嘉行政边界斜穿而过，阻碍双核多中心南部的相向发展，不利于酒嘉新区的建设。

2. 功能联动效应

（1）相互作用逐步增强，经济实力与交通同步是关键

酒嘉人口与 GDP 通过统计年鉴以及实地调研获得，两市时间距离通过测量两市市中心的最短时间距离获得，最短时间距离与前文测量交通可达性的方法一致。即参照《公路工程技术标准》JTG B01—2014，结合酒嘉中心城区的路网密度和路网质量，设置高速公路 80km/h，主干路 60km/h，次干路 40km/h，支路 30km/h。具体数据见表 5-7。利用公式，求得酒嘉两市各时期的空间相互作用力分别为 1.0，3.8，13.5，13.8。分析发现，

酒嘉两市间的空间相互作用力逐年增强，其中在 2004—2012 年间增长了 4 倍，2012 年后趋于稳定。两市间空间相互作用力的不断增强在一定程度上反映出两市间人流、物流、资金流、技术流和信息流的联系日趋频繁，表明酒嘉双核多中心联动的效应在不断增强。经济实力与交通通达性是影响酒嘉中心城区空间相互作用力的关键性因素。

酒嘉中心城区空间相互作用计算结果　　　　　　　　　　　表 5-7

时间节点	酒泉		嘉峪关		酒嘉中心城区	
	人口（万）	GDP（亿元）	人口（万）	GDP（亿元）	时间距离（分钟）	空间相互作用
2004 年前	15.2	31.3	16.6	44.4	25	1.0
2005—2009 年	19.8	93.15	18.7	160.1	25	3.8
2010—2012 年	20.3	184.52	23.4	269.1	19	13.5
2013—2015 年	21.8	195.87	24.1	243.1	19	13.8

（2）互相往来人数骤增，出行目的地呈现多元化

酒嘉双核多中心联动发展以来，两市居民的日常出行往来情况如何？往来到了何种紧密程度？这些出行行为是长期一成不变还是会随着时间、空间的发展而不断地发展演变？为解答这些问题，研究采用问卷调查与访谈的方法对酒嘉两市进行了深入调研，除了调研两地居民现状的日常城际间出行行为外，还邀请被调研居民对近十年来自己的日常城际间出行行为进行回忆并完成问卷，以揭示一个时段内两地居民日常出行行为的变化情况。调研地点的选取力求涵盖两市的各大片区，笔者在两市主要人流聚集场所随机各发放问卷 150 份，其中嘉峪关收回有效问卷 134 份，酒泉 137 份。调查发现：

①出行频率与出行时间变化。两市居民日常互通的频率皆以每月 1～3 次和几乎不去为主，嘉峪关居民日常去酒泉市区每月 1～3 次和几乎不去的人数比例分别为 41% 和 43%，大致相等；酒泉市居民日常去嘉峪关市区每月 1～3 次和几乎不去的人数比例分别为 34% 和 49%（图 5-3）。较频繁来往于两地间的人群中，大约有 18% 左右的人在 2005 年以前就开始来往于两市之间，大约有 22% 左右的人从 2010—2012 年左右开始较频繁往来于两市之间，另外 46% 左右的人于最近一两年开始频繁往来于两市之间，其规模比例较 2010—2012 年间翻了一番（图 5-4）。

②出行目的和出行地点变化（图 5-5）。2010 年后，嘉峪关居民去酒泉的主要原因分别是休闲游玩 37%，购物 32%，办事 16%，工作 4%，其他 11%（以会友探亲为主）；2010 年前去酒泉的主要原因依然以购物和休闲游玩为主，但比例比 2010 年后略低，工作所占比例大概 2% 左右，办事与其他所占比例比 2010 年后略高。嘉峪关居民日常去酒泉休闲游玩或购物的地点历年来皆集中于鼓楼商业中心，略有不同的是 2010 年后酒泉市政府周边因市政广场及富康大型购物中心的带动对嘉峪关市民的吸引力也越来越大。

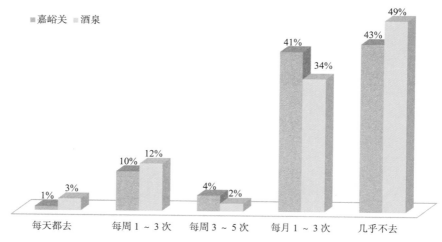

图 5-3 日常往来的频率

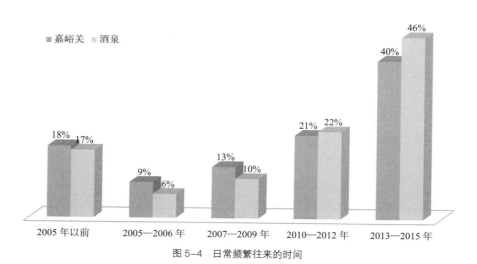

图 5-4 日常频繁往来的时间

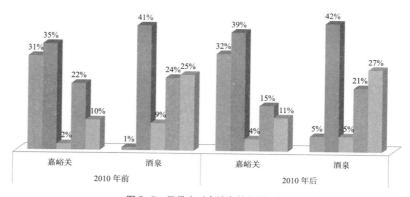

图 5-5 日常去对方城市的主要目的

工作方面，嘉峪关市民历年来去酒泉市区主要以做生意为主，但 2010 年以来去酒泉西郊工业园的人数开始增多。

2010 年后，酒泉市民去嘉峪关的主要原因分别是休闲游玩 42%，办事 21%，工作 5%，购物 3%，其他 30%；2010 年以前去嘉峪关的主要原因仍然以休闲游玩为主，但比例略低，工作所占比例略高，大概 9% 左右，办事与其他所占比例比 2010 年后略高。酒泉市民去嘉峪关休闲游玩的地点历年来一直集中于关城景区和各大公园，2015 年左右嘉峪关新开发的讨赖河公园更是吸引了较大一部分酒泉市民前去休闲。工作方面，酒泉市民 2010 年前去嘉峪关酒钢公司工作的人比 2010 年后多，2010 年后由于酒泉西郊工业园区的建成缓解了一批本地人就业压力，所以酒泉居民在嘉峪关工作的人数比例有所下降（表 5-8）。

③出行方式变化。两市市民 2010 年前去对方城市选择乘坐城际公交的人数皆高达 70% 以上，选择私家车出行的仅有 18% 左右；2010 年后去对方城市选择开私家车的人数比之前翻了一倍，相反乘坐城际公交出行的人数下降至 54% 左右。选择电动车以及其他交通工具来往于两地间的人数较少。跨市工作且没有私家车的员工工作日大多选择在对方城市租房或者直接住单位职工宿舍，周末回本市休息，每天来回两地奔波的员工主要以有私家车的人为主。

酒嘉居民日常出行效应　　　　　　　　　　　　　　表 5-8

时间节点	酒嘉居民日常出行效应变化情况	
	嘉峪关去酒泉	酒泉去嘉峪关
2004 年前	人数较少，以购物休闲为主，集中于鼓楼商业中心	人数较少，以休闲游玩为主，集中于各大公园
2005—2009 年	人数缓慢增长，以购物休闲为主，集中于鼓楼商业中心，新增富康购物中心人数增多	人数缓慢增长，以休闲游玩为主，集中于各大公园
2010—2012 年	人数快速增长，购物休闲为主，集中于鼓楼商业中心和富康购物中心	人数快速增长，以休闲游玩为主，集中于各大公园，新增两处公园人气渐旺
2013—2015 年	人数大幅度上涨，集中于鼓楼商业中心和富康购物中心	人数大幅度上涨，以休闲游玩为主，集中于近几年新增的 3 处公园

资料来源：根据问卷统计结果整理。

（3）产业互补优势突出，高效协作潜力巨大

根据酒泉肃州区和嘉峪关统计年鉴中的"按规模以上工业总产值"统计表所列出的 18 个工业部门，统计其各个时段各个部门的"规模以上"工业总产值（表 5-9），由于 2010 年以前数据的缺乏，所以本文在此主要以 2012 年和 2013 年的数据作为 2010—2012 年、2013—2015 年的代表。

依据产值比重公式计算各产业部门在本区域第二产业总产值中所占的比重，并求得酒嘉两市第二产业结构相似系数。一般情况下，当两市第二产业相似系数大于 0.9 时，

说明两市的第二产业结构非常相似并属于强竞争关系；当相似系数在 0.9 和 0.7 之间时，说明两市的第二产业结构比较相似并属于一般竞争关系；当相似系数在 0.7 和 0.4 之间时，说明两市第二产业结构比较互补并属于一般互补关系；当相似系数小于 0.4 时，说明两市的第二产业结构之间存在较大差异，具有很强的结构互补性，属于强互补关系。经计算，在 2010—2012 年、2013—2015 年，酒嘉两市第二产业结构相似系数均小于 0.4，分别为 0.0047 和 0.0043，因此两市的第二产业结构属于强互补类型，且互补趋势在增强。

进一步分析酒嘉两市第二产业的互补性可知，酒泉市的专业化部门为电器机械和器材制造业、化学原料和化学制品制造业、农副产品加工业；嘉峪关的专业化部门为黑色金属冶炼、压延加工业和有色金属冶炼。围绕各自城市的优势产业部门，酒嘉中心城区的第二产业分工形成，区域产业分工与合作趋于合理和互补，形成了高效协作的产业发展潜力。

酒嘉中心城区规模以上各工业总产值比重　　　　　表 5-9

规模以上产业类型	酒泉				嘉峪关			
	2010—2012（2012）		2013—2015（2013）		2010—2012（2012）		2013—2015（2013）	
工业部门	工业总产值（亿元）	产值比重	工业总产值（亿元）	产值比重	工业总产值（亿元）	产值比重	工业总产值（亿元）	产值比重
采矿业	0.00	0.00	0.00	0.00	0.66	0.00	0.17	0.00
农副产品加工业	6.60	0.03	8.83	0.03	2.12	0.00	0.83	0.00
食品制造业	0.61	0.00	0.94	0.00	1.00	0.00	1.36	0.00
酒、饮料和精致茶制造业	0.68	0.00	0.67	0.00	2.77	0.00	1.70	0.00
家具制造业	0.13	0.00	0.11	0.00	0.00	0.00	0.00	0.00
纺织、服装、服饰业	0.00	0.00	0.00	0.00	0.21	0.00	0.33	0.00
化学原料和化学制品制造业	14.96	0.06	19.00	0.06	2.30	0.00	5.84	0.01
医药制造业	2.75	0.01	3.41	0.01	0.00	0.00	0.00	0.00
橡胶和塑料制品业	4.53	0.02	4.62	0.02	0.49	0.00	0.51	0.00
非金属矿物制品业	2.79	0.01	4.40	0.01	13.37	0.02	25.51	0.03
金属制品业	3.99	0.02	5.10	0.02	0.93	0.00	2.28	0.00
专用设备制造业	5.72	0.02	7.23	0.02	8.74	0.01	6.97	0.01
电器机械和器材制造业	195.98	0.78	230.14	0.76	0.85	0.00	1.17	0.00

续表

规模以上产业类型	酒泉				嘉峪关			
	2010—2012（2012）		2013—2015（2013）		2010—2012（2012）		2013—2015（2013）	
工业部门	工业总产值（亿元）	产值比重	工业总产值（亿元）	产值比重	工业总产值（亿元）	产值比重	工业总产值（亿元）	产值比重
电力、热力生产和供应业	10.77	0.04	16.70	0.06	49.05	0.07	25.44	0.03
水的生产和供应业	0.19	0.00	0.24	0.00	0.00	0.00	0.00	0.00
黑色金属冶炼和压延加工业	0.00	0.00	0.00	0.00	616.44	0.86	742.82	0.87
有色金属冶炼和压延加工业	0.00	0.00	0.00	0.00	17.19	0.02	33.97	0.04
废气资源综合利用业	0.00	0.00	0.00	0.00	1.60	0.00	1.59	0.00
总计	249.70		301.39		717.72		850.49	

资料来源：根据酒嘉两市统计年鉴整理。

总体来看，除外部空间场效应和空间规模效应发展不稳定外，酒嘉中心城区空间整体效应趋于利好，区域内部的空间相互作用、产业互补、居民日常出行及交通可达性效应均在改善和提升中。从双核多中心联动外部效应来看，酒嘉中心城区内部产业调整趋势明显，外部场效应发展不稳定。从双核多中心联动内部效应来看，酒嘉中心城区的空间外向扩展迅速，空间集聚力量薄弱；互相往来人数骤增，出行目的地呈现多元化；城际交通作用凸显，交通可达性不断改善；相互作用逐步增强，经济实力与交通同步；产业互补优势突出，高效协作潜力巨大。

6 榆林市空间扩展绩效测度与评价

城市空间扩展绩效评价依据主体特征确定主体功能与空间的对应关系，依据绩效内涵确定主体评价的内容与评价标准，从而建立功能、空间、评价的对应关系以及多主体多尺度空间的评价体系。在对城市生态、经济和社会的主体空间扩展绩效进行多尺度多层次评价的基础上，依据主体间的发展协调度综合评价城市的整体空间扩展绩效。城市空间绩效的研究对认识城市建设环境和发展质量具有重要作用，现已成为城市建设发展的直接评价依据。近年来，生态脆弱的西北地区中小城市呈现出的空间扩展迅速、空间结构松散、"虚多中心"等现象与趋势，使得对其空间扩展绩效的研究更具紧迫性。本章以地处典型生态区且近年来空间扩展迅速的榆林市为研究对象，基于主体价值的视角研究城市空间扩展绩效，以期对城市的可持续发展产生指导意义。

6.1 主体价值视角下的城市空间绩效测度的方法

评价角度的不同实质上反映了对空间绩效内涵认知的差异，其中对价值内涵的认知最为根本，是科学评价的基础。遵循城市空间绩效内涵的价值逻辑，能为确定评价标准，构建评价内容体系，发现对应的测度手段与方法找到科学依据。

城市空间扩展绩效具有"发展"与"价值功效"的双重内涵，生态人本主义价值尺度是科学评价的内在依据。遵循生态人本主义价值逻辑，各主体的需求及需求实现程度关系到主体效用的发挥，是评价体系构建的主要依据。除此之外，主体间的协调程度影响整体绩效，也是城市空间绩效的重要组成部分。

6.1.1 指标体系构建

在城市复杂巨系统中，生态系统、社会系统与经济系统具有重要的角色与地位。城市空间分别以生态主体、社会主体和经济主体为中心，囊括主体的所有活动内容。依据城市发展价值的多主体划分，城市空间扩展绩效评价体系由城市生态主体评价、城市社会主体评价与城市经济主体评价构成。城市空间扩展绩效评价依据主体特征确定主体功能与空间的对应关系，依据绩效内涵确定主体评价的内容与评价标准，从而建立功能、空间、评价的对应关系以及多主体多尺度空间的评价体系。城市空间扩展绩效评价体系中，城市主体的需求内容、需求对象的存在现状以及客观环境是评价内容的主要组成部分；具体的评价依据主要聚焦在"关系判定"（是否存在价值关系，存在怎样的价值关系与需求关系）、"过程解析"（是否可以实现，实现过程的难易程度）与"程度衡量"（结果对主体需求的满足程度，达到需求的难易程度）方面，其中城市现状对主体需求的满足关系是价值存在的前提，是评价的基础依据，需求的相对重要性内容与实现过程的相对难度成为价值量度的标准依据，而价值的实际实现程度是评价结果最终依据。本次研究方案以城市空间扩展绩效的主体价值内涵为基础，从生态、社会、经济主体在发展中的内在价值和外在价值为出发点，围绕城市空间扩展绩效的主体价值内涵和扩展的空间属性特征，以科学性、层次性、可行性等为原则构建城市空间扩展绩效的指标体系，并结合空间特征评价指标和社会统计指标，以得到功能更为丰富、内容更为准确的空间动态化评价结果。

指标体系由五个层次构成：目标层、领域层、准则层、因素层、指标层。

（1）目标层为评价指标体系的第一层，评价研究区空间扩展绩效，通过指标量化分析研究区空间绩效的时空分布和变化，评价结果具体、直观、动态，能方便地进行静态的空间分析与动态的比较分析；

（2）领域层为评价指标体系的第二层，评价研究区生态主体、社会主体和经济主体在发展过程中的绩效状况，由生态发展因子、社会发展因子和经济发展因子三个领域的内容构成；

（3）准则层为评价体系的第三层，以主体的内在价值和外在价值的内涵为准则进行该层次的指标划分；

（4）因素层（子准则层）是根据价值内涵的内在层次性内容的进一步指标类型划分；

（5）指标层是由最基础的评价指标构成。

评价体系见图6-1，指标详解可参见《城市空间解读：主体价值与扩展绩效》。

6.1.2　指标体系的主－客观复合评价赋权法

多方法组合赋权在多指标评价研究中已渐成风，在以城市为对象的相关研究中也越来越重视多模型组合赋权评价的方法，尤其在城市经济领域中更为突出。在众多组合模型中，主客观模型的组合形式较为普遍，AHM与熵权模型的组合方法已见诸实际，也得到AHM-熵权模型对比其他复合模型优越的结论，但目前有关此模型的研究还相对较少。本文所采用的AHM-熵权法优化模型，是在两种模型得到的主、客观权重结果的基础之上，通过采取建立基于相对熵的优化模型，充分利用各种方法的有用信息得到不同权向量的"可信度"，求出组合赋权系数的基于相对熵的最优组合赋权方法。这种方法避免了主观性，增加了合理性。AHM-熵权法优化复合模型通过AHM法主观权重和熵权法客观权重两个步骤获得。

6.1.3　数据采集方法

城市空间扩展绩效研究的实质是对城市在某个阶段的发展实效问题的探讨，研究时段的确定与数据源的选取是其最基础、最根本的内容，这也是影响研究过程与成果的关

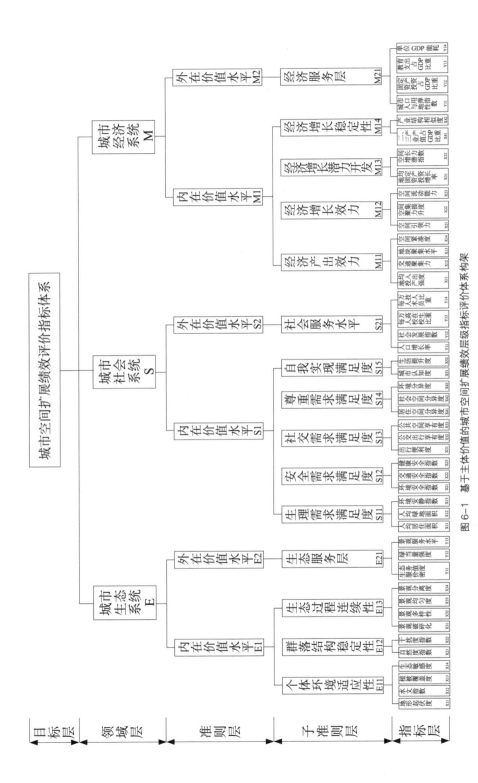

图6-1 基于主体价值的城市空间扩展绩效指标评价体系构架

键。因此，为了提高评价的科学性，首先通过城市在较长时期内的整体扩展特点分析，再进一步选择具有快速扩展特征的典型数据源作为空间扩展绩效分析的基础。

1. 典型年份筛选

我国城市建成区是指城市行政区范围内经过征用的土地和实际建设发展起来的非农业的生产建设地段，包括市区集中连片的部分以及分散在临近区与城市有着密切联系，具有基本完善的市政公用设施和城市建设用地。城市建成区更接近于城市的实体区域，更能代表城市空间扩展的内容和过程，因此本文以城市建成区为主要研究对象。

研究根据遥感影像的建成区图谱信息，采用城市空间扩展强度指数、扩展速率，空间形态紧凑度、形状指数、空间分维度，以及空间扩展弹性系数、形态结构中心移动分析等指标与方法分别对榆林市建成区的扩展过程、形态特征变化、扩展模式与结构变化、规模与结构的扩展合理性等方面进行了量化与分析（表6-1）。

城市空间扩展特征测度方法 表6-1

测度内容	测度指标	指标意义	量化公式	参数释义
扩展过程测度	扩展强度指数	定量评价城市扩展进程的重要指标，用于表示和比较在不同阶段内城市扩展的相对速度和趋势	$I = \dfrac{\Delta U_{ij}}{\Delta t_{ij} \times TLA}$	ΔU_{ij} 为时刻 i 到 j 城市建成区面积的变化数量；Δt_{ij} 为 i 到 j 的时间跨度；TLA 为初始时刻的建成区面积
	建成区年均增长率	也称为建成区年均增长速度，主要表征研究区域在不同时城市空间扩展的快慢	$GR = (\sqrt[n]{A_t/A_0} - 1) \times 100\%$	GR 表示建成区扩展年均增长率；A_t 表示某时段末建成区面积；A_0 表示基准年建成区面积
扩展形态特征测度	城市形态的紧凑度	城市形态的紧凑度广泛应用于城市空间的研究，反映了城市扩展中的集约化程度	$BCI = 2\dfrac{\sqrt{\pi A}}{P}$	本文采用应用最为广泛的 Batty 和 Cole 提出的紧凑度计算公式。其中，BCI 为城市紧凑度指数；A 为城市建成区面积；P 为城市轮廓周长。BCI 的值越大，形状就越紧凑；反之则反
	城市形状指数	城市形状指数不仅对空间形态的紧凑程度有所反映，更能进一步说明空间形态的轮廓特征	$SBC = \sum_{i=1}^{n}\left\lvert \left(r_i \middle/ \sum_{i=1}^{n} r_i\right) \times 100 - 100/n \right\rvert$	Boyce-Clark 形状指数法更能反映形状的一般特征。其中，SBC 为形状指数；r_i 为从某个图形的优势点到图形周界的半径长度；n 为具有相等角度差的辐射半径的数量，n 取32
	分维数	表示城市建成区形态边界线的复杂程度，数值越高则表示边界越复杂，用地不够紧凑；数值越低说明建设用地整齐规则，用地紧凑节约	$FRAC = 2\ln\left(\dfrac{P_{ij}}{4}\right) \middle/ \ln a_{ij}$	$FRAC$ 为城市建成区形态分形维数；P_{ij} 为城市建成区形态周长；a_{ij} 为城市形态面积
空间结构测度	空间扩展重心	通过城市空间扩展过程中城市重心的分布与移动情况可以得到城市空间形态及结构的变动趋势	—	通过 ArcGIS 的空间分析功能定位城市建成区的空间几何形态中心

续表

测度内容	测度指标	指标意义	量化公式	参数释义
扩展合理性测度	空间扩展弹性指数	也被称为用地扩展系数，是指一定时期内城市用地增长率与城市人口增长率之比。该指数是目前较常采用的测定城市用地扩展合理性和协调性的方法	$K = GR/PR \times 100\%$	K 为城市空间扩展弹性系数；GR 为城市建成区年均增长率；PR 为城市非农人口年均增长率。合理值一般采用 1.12

注：①王新生等人利用该算法得到了 15 种标准图形的形状指数，其中最为紧凑的圆形形状指数值最小为 0，形状较紧凑的有正八边形（指数值约为 2.000）、菱形（9.656）、正四边形（9.658），依次下去为紧凑度较差的方状矩形（约为 30.000）、凹凸的星形（34.852）、H 形（49.706）、长条矩形（59.880）、X 形（66.366）以及带状矩形（90.851）和线状矩形（约 100.000）等，直线的形状指数达到最高为 187.5000。

②根据中国城市规划设计院对历年规划研究，中国城市用地扩展的弹性系数合理值为 1.12，此值过小会导致城市建设用地紧张；此值过大则会造成建设用地浪费、土地利用效率过低的现象。

2. 信息采集

选用研究对象快速扩展期内典型年份的中高分辨率遥感影像为数据源，以研究期末城市建成区并适度外扩的区域为研究范围。该研究范围覆盖了其他两个研究期的城市建成区，便于真实客观地反映城市建设过程中的扩展动态。在对影像进行适当的裁切后融合，以 1∶10000 地形图为底图，在 GIS 支持下对影像进行精确校对和配准，为研究做好数字化准备。在已经确定好的数字环境基础上，借助 GIS 操作平台进行人工解译和数字化，结合实际调研确定用地属性信息，并进一步叠加用地强度、建设年代、建筑质量、服务情况等社会经济属性信息，具体包括：（1）城市用地信息（以《城市用地分类与规划建设用地标准》GB 50137—2011 为主要划分依据）；（2）城市交通空间信息，包括城市道路等级划分，公共交通线路；（3）城市生态主体评价因子空间信息，包括城市绿地（人工绿地和自然绿地）、河流、水域；（4）城市社会主体评价因子空间信息，包括城市人口密度（以容积率代表）、社会公共服务设施（中小学、医院、图书馆、展览馆、体育场、文物古迹等）、公共开场空间（公园、广场、开场绿地等）、干扰源（工业、交通等）；（5）城市经济主体评价因子空间信息，包括城市用地强度、城市中心等级划分、建筑建设年代等。

3. 空间评价单元的确定

基本评价单元影响评价结果的精度与可比性，确定基本评价单元是空间相关评价的关键技术内容之一。不同评价单元类型的特点各异，具体要根据研究的内容与目标来确定。如目前国内外区域生态研究和规划成果中区域生态质量的评价单元主要划分为两类：基于面状的矢量评价单元和基于点状的栅格评价单元。基于面状的矢量评价单元中评价的信息载体和评价单元是矢量面元，具体可分为行政单元（以行政区为评价单元）、小流域单元（依据区域生态系统的地貌分异以及小流域范围水文过程形成的生态空间格局划分）和景观单元（作为连接生态区划、土地利用规划中间环节）。基于面状的评价单元优点主要是获取数据较为方便，结论便于应用，其最大不足是不能保证空间位置的精确性。基于点状的栅格评价单元其信息载体和评价单元是栅格，评价结果具有精确的空间位置含义且方便建立模型，缺点是不便进行区域比较和结论应用。

为兼顾评价结果的精确空间位置和便于区域之间的比较分析，论文研究中采用了矢量面状单元和点状栅格单元相结合的方法，将栅格作为指标因子的数据载体和基本评价单元，以自然地貌划分的区域为综合评价分析单元。从理论上来说栅格单元的大小是无级的，其单元越小，数据的精度越高。但是实际上栅格单元由于受数据量、数据源特征、软件处理能力等多方面的限制，其大小是有尺度的，其最佳尺度应是数据精度和数据量大小之间的一种平衡状态。

4.评价因子与权重确定

（1）评价体系与评价因子

基于城市空间扩展绩效主体价值的评价体系，以生态、社会、经济主体价值为出发点，构建了五个层次，46个因子组成的评价体系（图6-1）。其中，第一层目标层可直观反映空间绩效的时空分布和变化，第二层领域层反映生态、经济、社会三主体的空间绩效，第三层准则层反映各主体的内在价值和外在价值，第四层因素层反映各主要影响因素，第五层为基础的评价指标。

评价体系内的46个基础指标具有多来源、多数据格式、多量纲的特点，无法进行直接的比较和度量，因此首先要对这些单向指标进行标准化处理，来消除指标量纲的影响。根据指标所在准则层的价值意义指向，区分单向指标的方向：正向、逆向和适度指标。正向指标也称为效益型指标，指标值越大，越有助于准则层价值的实现；逆向指标也称为成本型指标，指标越小，越有助于准则层价值的实现；适度指标或称为适中指标，指标越接近某个值越好。本书指标效用值的计算公式对评价体系的基础指标进行标准化处理，对于空间数据则以评价单元的实际值进行标准化处理，结果为空间分布的标准化数据。

（2）复合权重计算

考虑到充分利用数据的客观性和尊重评价者的主观性，本书采用AHM-熵权复合权重法进行权重计算。在AHM法得到主观权重、熵权法得到客观权重的基础上，进一步通过"相对熵模型"优化，求出基于相对熵的最优组合赋权系数。

6.2 榆林城市空间扩展过程分析

榆林市位于陕西省最北部，地处陕甘宁蒙晋五省（区）交界接壤地带，东临黄河与山西相望，西连宁夏、甘肃，北邻内蒙古鄂尔多斯市，南接本省延安市，是晋陕蒙宁区域的中心城市。榆林历史上均属九边重镇，城市的兴起都与其历史军事地位的不断提升有着重要联系，两市重要的军事地位与其特殊的地理区位有着紧密联系。

在城市长期的发展过程中，自然环境作为一个基本的立地条件深深地影响着城市的生成与发展，它通过地质、水文、气候、地形、植被以及其他各种地上地下资源共同构筑出城市存在的广阔自然空间，直接影响着城市形态构成和职能发挥。拥有陕西省最大市域面积的榆林市地形地貌复杂，生态环境恶劣，是国家退耕还林、"三北"防护林、天然林保护、京津风沙源治理工程的核心区域。脆弱的生态基质下孕育着巨大的地下资源。榆林市市域内已发现 8 大类 48 种矿产，潜在价值超过 46 万亿元人民币，特别是煤、气、油、盐资源富集一地，分别占陕西省总量的 86.2%、43.4%、99.9% 和 100%，且组合配置好，国内外罕见，开发潜力巨大，也逐步成为榆林市经济发展和城市建设的最大动力。从中心城区来看，榆溪河自北向南穿榆林主城区而过，将城市分为东西两壁。早期的城市发展主要围绕榆溪河以东的榆林古城，自 20 世纪中后期，城市建设突破古城，以南为拓展主向，90 年代跨越榆溪河向西拓展了一倍，2000 年以后向更为平缓的西南向拓展，最终使得榆林古城仅占据城市东北一隅。城市整体呈现出沿河由北向南拓展的特征。相对平缓的地形，使得榆林中心城区能够连片建设发展。

当前，榆林市凭借得天独厚的资源优势成为陕西省第二大经济体。早在 1998 年，榆林市就被批准建立陕北能源化工基地，并于 2003 年正式启动建设，成为我国目前唯一的国家级能源化工基地。近年来，榆林市经济保持高速增长。2017 年榆林市生产总值（GDP）达 3300 亿元，被誉为"陕北速度"（图 6-2）。

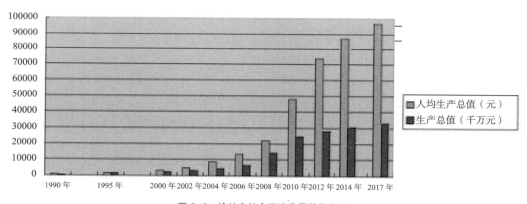

图 6-2　榆林市社会经济发展趋势分析

1990 到 2017 年，榆林市空间扩展十分明显，建成区面积从 15.05km^2 增长到 83.82km^2，27 年间增长了近五倍。然而，空间扩展的过程不仅仅表现在面积的增加上，扩展方向、空间形态、空间结构等也都随之发生了剧烈的变化（图 6-3）。

根据榆林市建成区 27 年间多个年份的图谱信息，计算各空间指数（表 6-2），对 11 个年份 10 个时段的空间扩展状态、形态变化特征以及合理性进行测度与分析。

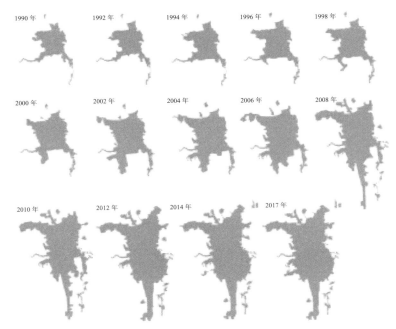

图6-3 1990—2017年间榆林市建成区空间扩展动态变化示意图

1990—2017年间榆林市建成区空间扩展特征指数值 表6-2

年份	建设用地面积（km²）	扩展强度	扩展速率（%）	紧凑度	形状指数	分形维数	扩展弹性系数
1990年	15.05	—	—	0.34	27.31	1.71	—
1995年	16.87	0.02	2.32	0.38	42.02	1.60	0.47
2000年	23.28	0.05	4.46	0.46	63.94	1.42	1.15
2002年	32.50	0.10	6.63	0.26	66.20	1.70	1.49
2004年	33.86	0.09	5.97	0.26	56.09	1.69	1.16
2006年	43.91	0.12	6.92	0.27	49.33	1.62	1.44
2008年	58.09	0.16	7.79	0.20	61.80	1.72	1.66
2010年	71.06	0.19	8.07	0.19	60.18	1.73	1.75
2012年	78.75	0.19	7.81	0.17	55.41	1.76	1.79
2014年	80.98	0.18	7.26	0.19	58.12	1.78	1.71
2017年	83.82	0.17	6.57	0.21	61.08	1.81	1.63
均值	48.92	0.12	5.80	0.27	54.68	1.69	1.30

6.2.1 空间扩展的动态分析

从建成区的规模来看，榆林市27年间一直处于空间外扩过程中，且增长期具有一定的连续性。其中1990至1995年间榆林市空间扩展十分缓慢，基本上属于停滞状态；

1995 至 2002 年出现第一轮空间快速扩张期，城市空间扩展强度持续增加，城市建成区面积在 7 年间增长了近一倍，达到 32.50km²；榆林市在 2002 至 2004 年进入扩展停滞期，扩展面积只有 1.5km 左右；随后又在 2004 至 2012 年间迎来了第二次空间快速增长，尤其在 2010 年前更为显著，城市建设面积在这 8 年间又翻了一番，2012 年之后为相对稳定时期。这一空间增长的趋势从空间扩展的速率与强度的归一化曲线中也能明显看出（图6-4）。从曲线走势来看，1995—2002 年以及 2004—2010 年是明显的两次持续扩张期，扩张的速度与强度都是平稳上升；1990—1995 年扩展缓慢，2002—2004 年以及 2010—2012 年出现了高速增长后的停歇，2012 年后扩展速度和强度都稍有下降。可以看出，榆林市在研究期间空间扩展幅度大、速度快，并且具有"空间持续外扩伴随速度节奏性起伏"的扩展特征。

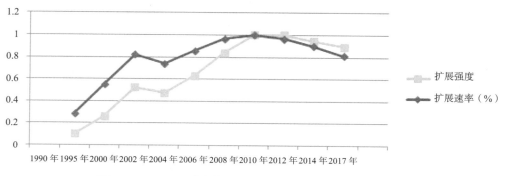

图6-4 1990—2017 年间榆林市建成区空间扩展速度与强度变化趋势

6.2.2 空间扩展的形态结构演变

1. 空间扩展过程中的形态测度分析

对 1990—2017 年间城市空间扩展各阶段形态特征进行测度，相对于扩展强度指数增长的稳定性，空间紧凑度与形状指数经历了反复的上升与下降，波动较为剧烈。为了使得各指标值变动特征更加明朗、对比分析更加方便，对空间扩展强度、形态紧凑度和形态指数进行正向归一化处理，如图 6-5 所示。

从整体变化趋势来看，紧凑度与形状指数都经历了先升后降的过程，紧凑度整体下降而形状指数呈上升的走势；与前两者相反，空间分形维数先降后升，值域较小且主要在 1.66 ~ 1.76 间变动。结合图表进一步分析，1990 年以后榆林市空间紧凑度持续上升，并于 2000 年达到最大值 0.46，此时空间形态最为紧凑；随后的两年间，空间紧凑程度急剧下降至 0.26，并稳定在这一水平直至 2006 年又出现了相对缓慢的下降；到 2012 年空间紧凑度水平降到近十二年来的最低点。随着空间外扩榆林市建成区形状变化较大，空间形态指数在 1990 年为 27.31，接近于方状矩形；1990 年以后形状指数持续上升，至 2002 年达到最大值 66.20，接近于 X 形；随后又出现了下降，到 2006 年接近于 H 形；2006 至 2008 年城市形态由长条矩形向 X 形转变，经过 4 年的发展又回归到长条矩形。相较而言，

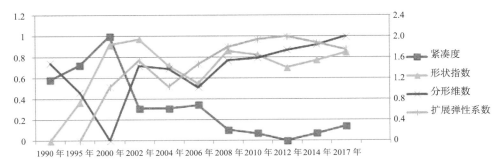

图 6-5   1990—2017 年间榆林市建成区空间扩展测度分析图

在研究期始末空间分形维数的变化较小，主要波动出现在 1990—2002 年间，分维值从初始的 1.71 经十年下降到 1.42，又在随后的两年内急速回归到 1.70，经历了从复杂到规整再到复杂的相对过程；在以后的 2002—2017 年间主要在 1.12～2.03 内起伏，变动较缓。

综合对比分析，研究期间各形态指数的变化特征呈阶段性发展，且相互不统一；无连续的动荡起伏，发展较为稳定。同时，三种指数又同具以下规律：无论在发展趋势（上升或下降）还是波动程度（幅度）上，研究期的前半期与后半期的形式相反，且前半期波动较为剧烈。再者，经 2002—2004 年间的扩展停滞的缓冲作用后，各指数的变化都同时出现了利好趋势：城市建设用地形状、形态的紧凑度提高，边界规整。

2. 扩展过程中的空间结构演变分析

随着城市空间的扩展与形态的变化，城市形态结构的重心点也在发生转移。通过GIS 软件的空间分析功能找到 1990—2017 年榆林市建成区重心转移路线（图 6-6）。可

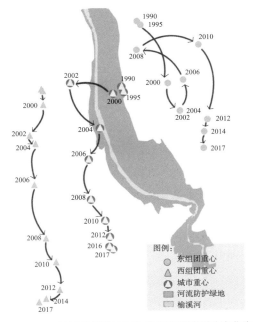

图 6-6   1990—2017 年间榆林市建成区空间结构动态变化分析图

以发现在研究期间，城市重心从东至西逐步跨越榆溪河而后大致向城市南方做持续的弧线移动，其中 1990 至 2000 年之间基本保持在原地，经 2002 年的急速西移后回归到 2004 至 2017 年的北移弧线之中。从移动方向、幅度与速度上来分析，榆林市在 2000 年至 2002 年、2002 年至 2004 年以及 2006 至 2008 年的城市扩展过程中空间结构的变动较为剧烈，2010 至 2017 年间空间结构变化较缓。

同时，榆林市作为西部河谷型城市，具有跨河发展的空间结构特征。河流对空间的阻隔造成了两岸相对独立的组团式发展，其在发展速度、形态上的结构均衡性影响城市整体的发展。而城市组团结构的均衡度往往受制于相互联系的紧密程度，即跨河交通的数量与布局。1990 至 2017 年间河东岸组团的重心基本上在围绕某中心做小范围椭圆内运动且整体趋势稍有北移，组团的空间扩展以原地向外扇形扩展为主；河西岸组团的重心沿曲线大幅度北移，且曲线弧度与城市整体的重心移动路线一致，说明该组团以沿河直线北扩为主，且城市整体空间结构变动受该部分扩展的拉动作用较强。

3. 空间扩展的合理分析

从空间扩展弹性指数的计算来看,榆林市从 1990—1995 年间扩展弹性系数只有 0.47，远小于合理值 1.12，说明此期间空间扩展远远不能满足实际需要；又经过五年的扩张达到 1.15，规模增加较合适并稍有盈余；随后扩展加速，到 2002 年达到 1.49，又在 2004 年回归到 1.16，说明在 2002 到 2004 年间城市扩展放慢，给予了两年的扩展缓冲期；但随后的 8 年间，弹性指数直线上升到 1.79，空间扩展丧失理性，出现了扩展过度与空间浪费，2012 年后弹性指数降至 1.63，空间扩张逐渐向理性回归。

扩展弹性系数侧重于从规模上来反映扩展的合理程度，从组团结构的变化来讲，两组团的扩展方向、扩展模式、扩展速度、空间形态与规模都缺乏同步，同时联系两组团的跨河交通布局也未能与空间结构的变化相配合，减小了城市内部的联系顺畅度，从而对城市空间绩效造成一定的影响。

6.3　榆林市空间扩展绩效因子提取与分析

6.3.1　生态因子

1. 个体环境适应层

个体环境适应层衡量生物个体层次的适应性绩效，包括环境的可适应性与生物自身的适应能力两个方面。其中地形起伏度、水文指数主要反映生态环境的分布与变化，地被指数与生态敏感度则从生物本身的适应情况来说明。

由图 6-7 中可以看出，榆林市地形整体起伏不大，地形起伏较大的地区主要分布在城市周边以及城市东北和西北两个方向，从北向南地形有逐渐平缓的趋势；由于城市主要向较为平坦的北部扩展，2012 年、2008 年的地形起伏度整体水平较 2004 年有所降低，但降幅都较小。由于降水量的影响，研究期间的城市水文环境有较大变化：2004 年榆林市的平均水文指数达到 0.771，而 2008 年和 2012 年依次降至 0.160、0.230；由于区域降水环境的影响，城市水文指数的空间变化呈现从西北向东南逐渐增大的趋势，河流、湖泊区域的水文指数因其空间汇水能力强而较高。城市植被覆盖度随城市的扩展而逐步降低，从初始的 0.641 降至 0.398；横穿城市南北的河边绿地以及城市原机场用地的大面积绿地对研究期内的地被指数贡献较大，城市向外扩展区域的裸地增多降低了地被水平。生态较为敏感的地带主要集中在城市河流、水域和大块绿地，研究期间城区敏感度也在一直下降；北部扩展区的敏感度水平普遍较低。

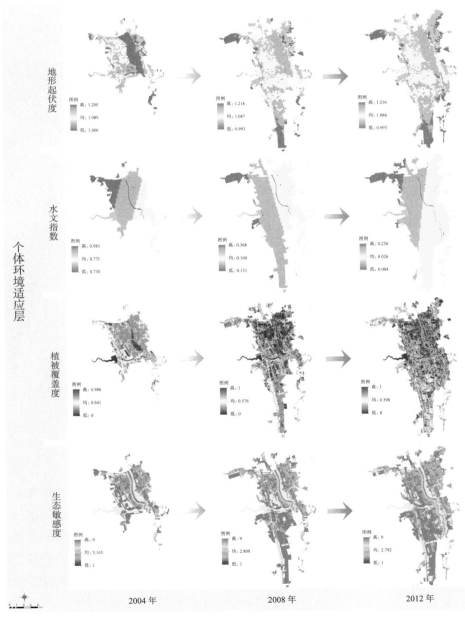

图 6-7　2004—2012 年间榆林市生态环境适应层绩效评价因子信息提取

2. 群落结构稳定层

结构稳定层反映生物群落层次的发展情况，通过城市空间接近自然群落的水平和群落结构受人类的干扰程度来判定。图 6-8 表明，自然度指数的整体水平在扩展期间一直下降，在扩展前期内下降较快，后期内变动较少；自然度的最高水平在两个扩展期内同为下降，且降幅较为均匀。生态敏感度的整体水平的变化趋势与自然度相近，但最高水平则出现前期明显上升，后期小幅下降的趋势，最高水平在整个研究期内呈上升状态；生态斑块的受干扰程度与斑块大小无绝对关联，城区外围受到的干扰较小、有利于结构的稳定，内部受到的干扰相对较大、降低了城市内部生态系统的稳定程度。

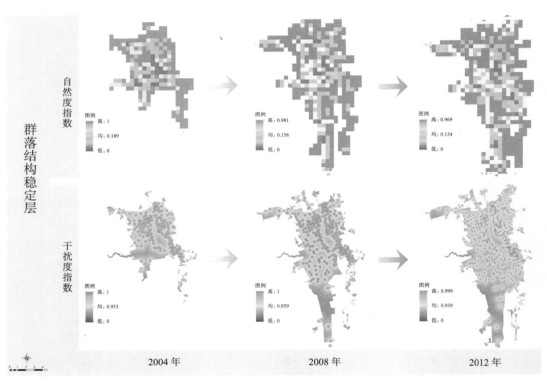

图 6-8　2004—2012 年间榆林市生态结构稳定层绩效评价因子信息提取

3. 生态过程连续层

生态过程是发生在生态景观水平上的生态功能，通过景观指数来量化生态过程中的连续程度。由表 6-3 可知，经过 2004 至 2008 年的扩展过程，生态景观的破碎化显著增多，多样性与均匀度水平也大幅度下降，景观分离程度加剧；与前期相比，后期的扩展中景观变化相对缓和，景观多样性、均匀度和分离度都有所回转。整体来看，前期的扩展导致了景观过程的连续性急剧下降，在后一时期中又有所好转，但整体来说还处于下降水平。

2004—2012 年间榆林市生态过程连续层评价因子信息提取　　　　表 6-3

指标		2004 年	2008 年	2012 年
生态过程连续层	景观破碎化	11.322	14.271	14.741
	景观多样性	14.781	11.941	12.555
	景观均匀度	8.250	6.664	7.007
	景观分离度	5.037	5.706	5.564

4. 生态服务层

生态服务层用以判定生态主体系统对其他系统所能提供的服务价值，其中生态服务价值密度和绿当量强度主要衡量生态系统对维持人类生存环境的基础服务，景观服务水平则进一步衡量生态系统对城市环境的美化功能。图 6-9 可以看出，生态服务价值密度和绿当量强度的变化趋势大致相同，前一时期的扩展使得生态系统的基础服务功能大幅提升，在后一时期又有小幅下降。同时，景观服务水平出现前期小幅下降、后期下降幅度继续增大的趋势，明显与基础生态服务功能的发展不相同步。并且，景观服务水平的空间分布还呈现城市内部比边缘高、老城区比新扩展区高的景观服务空间差异，表现出景观服务与扩展空间不同步的特征。

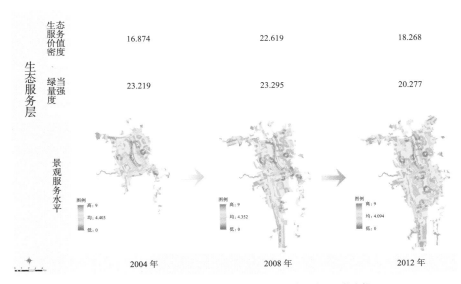

图 6-9 2004—2012 年间榆林市生态服务层绩效评价因子信息提取

6.3.2 社会因子

1. 生理需求满足层

生理需求满足层的指标用以衡量居民基本生活条件的满足程度（图 6-10）。经资料查询，榆林市城区 2004 至 2012 年间人均年居住面积和人均绿地面积逐步提升，其中人均居住面积的增速较为均匀、人均绿地面积呈倍数增长。经计算得到环境安静指数的空间变化，图中显示研究期间城区环境安静指数一直处于东高西低的阶梯变化状态，城市扩展区内的安静水平较低，并导致城市环境安静指数整体水平的下降。

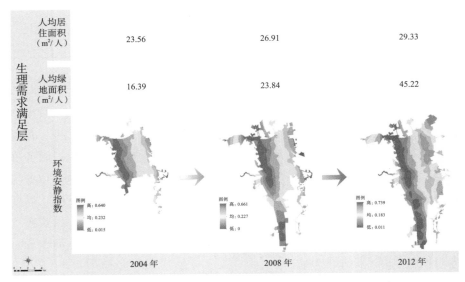

图6-10 2004—2012年间榆林市社会生理需求满足层绩效评价因子信息提取

2. 安全需求满足层

安全需求满足层从生存环境安全、交通出行安全、健康享有安全三个方面来衡量居民的安全需求满足度，经计算得到各年的安全指数空间分布图（图6-11）。图中数据显示，城市空间的环境安全水平在8年间下降十分剧烈，包括空间最高水平与整体平均水平都有较大变化；交通安全指数值反映的是受到交通威胁的空间可能性，期间交通安全的整体水平随城市的发展有所上升，但受交通安全的最大威胁程度以2008年最高、2012年次之，说明某些空间的不安全程度增加；城市空间的健康安全度水平一直上升，以2004至2008年的较为显著，但是随着空间格局的拉大，某些空间单元缺乏健康保障的程度也在加剧。

3. 社交需求满足层

出行便利以及公共空间享有是判定城市空间对居民社交需求的满足程度的主要方面。由计算得居民一般出行和公交出行的空间便利度，结果显示居民出行的便利度随城市的扩展而有所降低，道路和公共交通的增加与布局相对落后于空间扩展的幅度与格局；交通便利的地段一直集中在老城区，扩展区域的交通状况大幅落后于城市整体水平（图6-12）。由公共空间享有指数得到的城市社交空间的享有度也在持续降低，享有度较高的地段分布在城市公园、绿地周边，且享有度最高的情况出现在2008年。

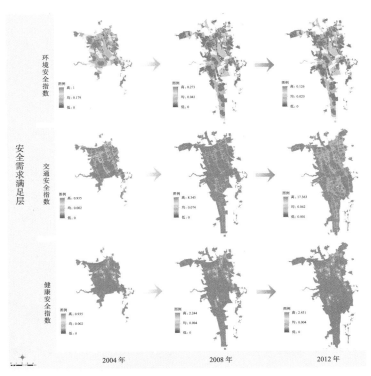

图 6-11　2004—2012 年间榆林市社会安全需求满足层绩效评价因子信息提取

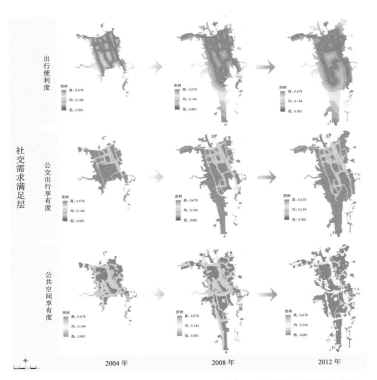

图 6-12　2004—2012 年间榆林市社会社交需求满足层绩效评价因子信息提取

4. 尊重需求满足层

居民尊重需求的满足程度通过对某个空间单元内居民居住环境、生活环境以及资源享有程度的差异来判定（图6-13），差异越大则尊重的满足度越小。计算得到居住空间的分异度分布图，对比可知在城市发展的各阶段都显示出城市周边差异小、内部差异较大的特征，且差异较大区域的变化方向与城市扩展方向一致。居住空间分异对尊重需求满足层的贡献度从2004年的0.731上升到2008年的0.780，随后又在2012年下降至0.756。由公式计算得到社会资源空间分异度在研究期间大幅增加，分异度较低的区域多集中在老城区，分异度较高的区域则较为集中，2004年集中在城市的西南部，2008年在城市西北部出现，2012年又在城市北部的扩展区增加了一块高差异区。经环境分异指标的计算，环境分异度在8年间依次快速降低，且呈现出条带式空间分布规律，高分异区一直集中在东部条带、低分异区一直处于西部条带。

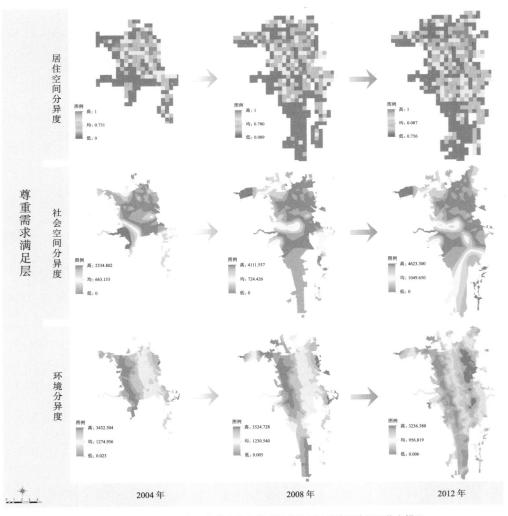

图 6-13　2004—2012 年间榆林市社会尊重需求满足层绩效评价因子信息提取

5. 自我实现满足层

感受自我存在的价值与享有更高的生活品质是实现自我实现需求内容的主要标准，可通过城市认知度和生活提升度的空间变化反映出来（图6-14）。在研究期间认知度的空间水平出现波动，前一扩展期内下降明显，后一时期有小幅上升，总体呈下降趋势；认知度较高的地区主要集中在老城区，且认知度在各个研究阶段的变化的相对趋势基本一致。生活提升指数的波动方向与上一指标一致，不同的是前一时期出现小幅下降、后一时期上升明显，整体呈上升状态；生活提升度较高的地区也集中在老城区，且发挥的作用越来越大，新扩展区域的生活提升度一直处于较低水平。

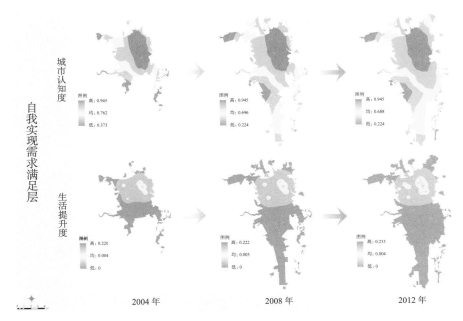

图6-14 2004—2012年间榆林市社会自我实现需求满足层绩效评价因子信息提取

6. 社会服务水平层

城市社会系统的对外服务功能主要从提供的人力资源的数量、质量以及综合发展情况来体现（表6-4）。通过资料查询得到城市人口增长率水平降低，且在2004至2008年间降幅明显；每万人高校在校学生数在2008至2012年间增加较多；每万人技术人员持续增长；计算得到社会发展指数一直处于均匀增长状态。

2004—2012年间榆林市社会服务层绩效评价因子信息提取				表6-4
指标		2004年	2008年	2012年
社会服务水平层	人口增长率（%）	3.350	2.260	2.378
	社会发展指数	0.588	0.731	0.882

续表

指标		2004 年	2008 年	2012 年
社会服务水平层	每万人高校在校学生比重	0.0060	0.0059	0.0069
	每万人技术人员比重	0.0557	0.0574	0.0590

6.3.3　经济因子

1. 经济产出效力层

经济系统的产出效力主要通过交通的聚集能力、地块的集聚能力和城市整体的聚集力来衡量，如图 6-15 所示：从指标的整体水平来看，交通聚集所发挥的能力有所下降，地块集聚力一直在提升，空间紧凑度则明显降低；从指标的空间特征来看，交通聚集能力和地块聚集水平较高的区域都主要分布在榆溪河的两侧，且老城区的聚集能力明显高于扩展区，内部的聚集能力高于边缘区。

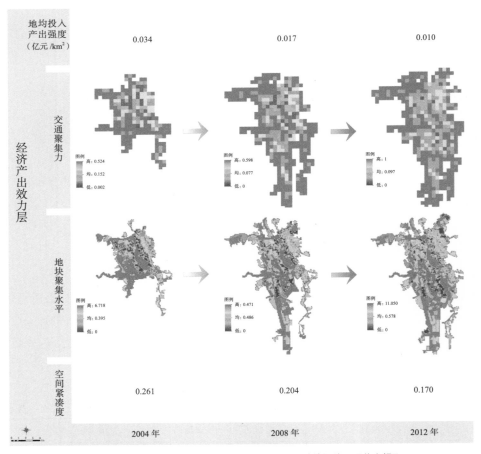

图 6-15　2004—2012 年间榆林市经济产出效力层绩效评价因子信息提取

2. 经济增长效力层

经济系统的增长效力（图 6-16）由空间引领力、空间聚集力提升度和空间流动能力三指标构成。该指标在研究期间大幅提升，其中新增用地的引领力与空间流动能力在 8 年间增加了接近 4 倍，前者在 2008 至 2012 年间提升更快、后者在 2004 至 2008 年间增速较大；两个扩展期内，空间聚集力都以提升为主，其中前一扩展期内的平均提升水平较后期的要高，且局部提升的效果明显，后期提升的空间差异不大、较为均匀。

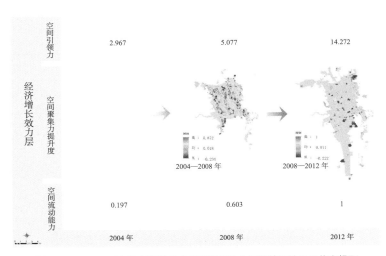

图 6-16　2004—2012 年间榆林市经济增长效力层绩效评价因子信息提取

3. 经济增长潜力开发层

经济的增长潜力由经济资金的投入刺激和空间可挖掘的潜力来衡量，结果如图 6-17 所示。研究期间固定投资的增长率基本呈倍数增长；空间增长潜力分布图表明空间增长的可挖掘潜力越来越大，其中沿榆林河两岸的空间潜力一直未充分利用，随着空间的扩展，各扩展区内的空间潜力也相对较大。

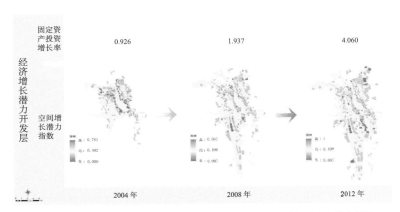

图 6-17　2004—2012 年间榆林市经济增长潜力开发层绩效评价因子信息提取

4. 经济增长稳定层

经济增长稳定层内涵体现城市自身经济实力和城市受区域经济影响程度两个方面的指标，计算结果显示（表 6-5）：二、三产业产值占 GDP 比重在增加，且前后两个时期内增幅相当；产业结构的相似度也在逐渐增大，后期的相似度增幅更大。

2004—2012 年间榆林市经济增长稳定层绩效评价因子信息提取　　表 6-5

指标		2004 年	2008 年	2012 年
经济增长稳定层	二、三产业产值占 GDP 比重（%）	85.530	90.326	94.695
	产业结构相似度	0.204	0.221	0.313

5. 经济服务层

经济服务层指标从经济系统对维持自身运转、对社会发展和维护生态环境的支持等方面体现其对外服务功能。经计算得到各指标数据，见表 6-6。数据表明城市用地的增长较快，普遍超出合理水平（1.14）；对经济的资金投入比逐步下降，降低了对经济增长的刺激；教育支出占 GDP 比重整体为增长的趋势，对社会发展的支持力度加大；单位 GDP 能耗大幅下降，提高了资源的利用率，减少了对生态环境的影响。

2004—2012 年间榆林市经济服务层绩效评价因子信息提取　　表 6-6

指标		2004 年	2008 年	2012 年
经济服务层	城市人口与用地弹性指数	1.177	4.476	3.830
	固定资产投资占 GDP 比重（%）	1.280	1.117	0.808
	教育支出占 GDP 比重（%）	0.312	0.309	0.360
	单位 GDP 能耗（吨标准煤 / 万元）	2.510	2.195	0.983

6.3.4　因子变化特征分析

借鉴扩展强度指数的计算原理，用以定量评价城市扩展进程中各个基础指标在不同阶段的相对变化速度与方向特征，具体公式如下：

$$I = \frac{\Delta I_{ij}}{\Delta t_{ij} \times BUI}$$

其中，ΔI_{ij} 为指标 I 从时刻 i 到 j 的数值变化；Δt_{ij} 为 i 到 j 的时间跨度；BUI 为基准时刻的指标 I 的数值。本文以指标所在层的价值准则为正向指向、以 2004 年的指标数据为基准年，对以上指标的扩展强度特征综合分析如下：

（1）2004 至 2012 年间，生态系统的指标变化（图 6-18）以负向为主，多不利于各生态准则价值（生态适应性价值、结构稳定性价值、对外服务价值）的实现；其中生态景观水平的各项指标普遍出现由前一扩展期的负向发展转为后期的正向发展，说明城市生态景观格局与过程在 2008 至 2012 年间有所好转。

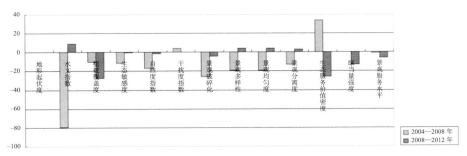

图 6-18 2004—2012 年间榆林市生态评价指标变化特征分析图

（2）研究期间，城市社会系统的指标仍以负向变化居多（图 6-19）；其中正向发展的指标多集中在指标序列的两端，利于社会系统的对外服务价值以及生理需求层、安全需求层的价值实现；其余指标变化的波动都较小。

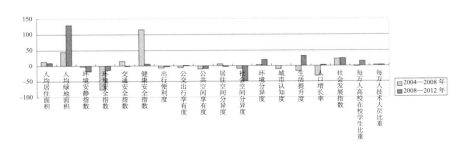

图 6-19 2004—2012 年间榆林市社会评价指标变化特征分析图

（3）相比而言，经济系统的各指标在研究期间的变动幅度较大（图 6-20），且正向变化的居多；其中经济增长效力层、增长潜力层、增长稳定层的指标都有显著的增加，有益于对应层次的价值实现；经济产出效力和对外服务功能的指标变化则相对不稳定。

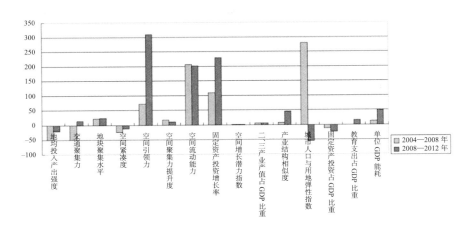

图 6-20 2004—2012 年间榆林市经济评价指标变化特征分析图

6.4 榆林市空间扩展绩效评价

将各指标的数据层在 ArcGIS 中打开，对照权重表中各单项指标的权重值进行栅格数据的加权与叠加计算，对应评价体系的层级结构，得到对应评价层次及各系统领域的绩效评价结果。为了便于描述，根据榆林市城市形态特征与扩展的顺序，以榆溪河和头道河为界按逆时针分为四个城市区域（图 6-21）：A 区和 B 区构成 2004 年建成区的主要部分，2004 年至 2008 年的扩展区为 C 区，2008 年至 2012 年的扩展区为 D 区。

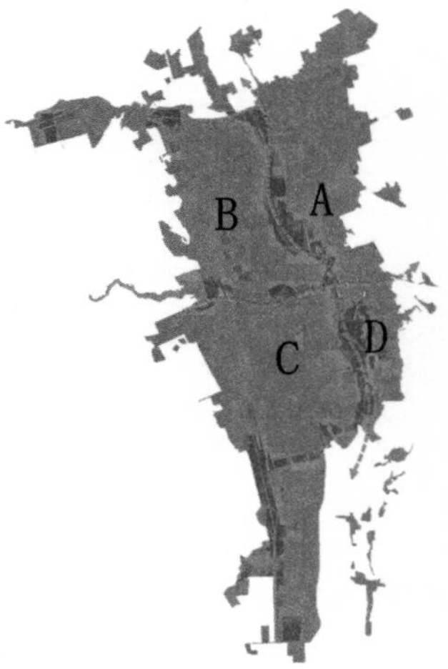

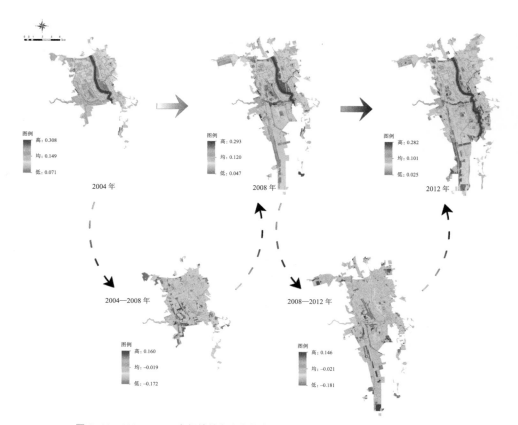

图 6-21　评价分区示意图

6.4.1 生态绩效评价

1. 城市生态系统各层级绩效分析与评价

（1）生态个体环境适应性绩效分析与评价

2004 至 2012 年间随着城市空间的扩展城市环境适应性绩效及变化如图 6-22 所示。

图 6-22　2004—2012 年间榆林市生态个体环境适应性绩效空间动态变化分析图

首先，整体来看，个体环境适应绩效的整体水平逐步下降，绩效均值从 2004 年的0.149 降至 2012 年的 0.101，分别下降了 19.5% 和 12.8%（以 2004 年的绩效水平为准，下文同）。其中，在前一扩展期内，原有城区的适应性绩效水平平均下降了 13.0%，扩展区域的整体水平低于 2008 年的整体水平，只达到 2004 年的 71.5%；在后一扩展期内，2008 年城区的绩效水平比 2004 下降了 13.7%，扩展区绩效水平达到 2008 年的 73.6%。其次，从空间差异性特征来看，榆溪河以东城区的整体水平在研究期内都一直优于榆溪河以西的部分；原有城区的整体水平一直优于对应发展阶段的扩展区的水平。城市河流水域和大片绿地发挥的生态适应性绩效一直较高。

2004—2008 年间，扩展区是导致城市适应绩效下降的主要影响区域；但此区域在2008—2012 年间的增长速度明显高于原城区，又进一步拉动了城市整体适应性绩效的回升；2008 年后 B 区大片绿地的消失是导致原城区绩效水平下降的主要因素之一。从绩效变化的整体趋势来看，扩展区的适应性绩效水平前期一般较为落后，经过一段时间的培育则能表现出良好的态势，对整体适应性绩效的贡献提升较快；城市固有的河流、水域以及大块绿地是保证城市生态适应绩效水平的主要影响因素。

（2）生态群落结构稳定性绩效分析与评价

如图 6-23 所示，城区生态群落结构绩效的整体水平一直在下降，2004—2008 年、2008—2012 年间分别下降了 13.4%、7.70%。其中在前一时期，原有城区范围内的稳定性绩效平均减少了 67.1%，下降幅度很大且分布均匀；扩展区内的绩效水平为 2004 年的

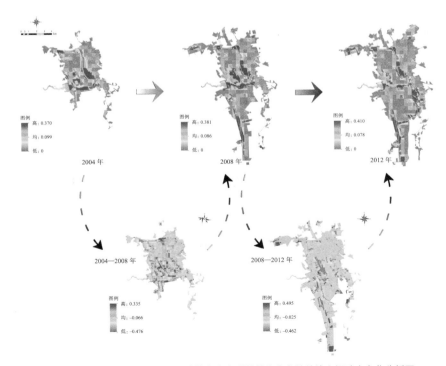

图 6-23　2004—2012 年间榆林市生态群落结构稳定性绩效空间动态变化分析图

71.3%，低于 2008 年的平均水平。在后一时期内，2008 年城区范围内的绩效水平下降了 24.8%，扩展区域为 82.0%，高于 2012 年的整体水平；绩效降低的主要因素是 B 区大片绿地的消失以及榆溪河中间段结构稳定性降低。城市自然河流、水域，连续性的大面积绿地仍是生态结构稳定绩效最高水平的空间，明显高于散布的小块绿地。

（3）生态过程连续性绩效分析与评价

生态过程连续性的绩效（表 6-7）水平以 2004 年的最高，2008 年降了 27.1%，说明在 2004—2008 年间，城市空间扩展使得城市景观格局和结构的连续性遭到破坏，斑块更为破碎、分布均匀程度降低。到 2012 年景观格局的生态绩效又缓慢回升了 3.3%，但 8 年间仍下降了 23.8%。

2004—2012 年间榆林市生态过程连续性绩效值　　　　　　　　　表 6-7

生态过程连续性绩效值	2004 年	2008 年	2012 年
0.095	0.070	0.073

（4）生态系统的服务绩效分析与评价

研究期间生态系统的服务绩效（图 6-24）较为稳定，基本维持在 0.073 的水平。其中 2004—2008 年间原城区的生态服务绩效得到 5.1% 提升，增加的区域主要集中在原城区的边缘；两个研究时段的空间扩展区域的服务绩效水平达到 99% 以上，基本与原城区

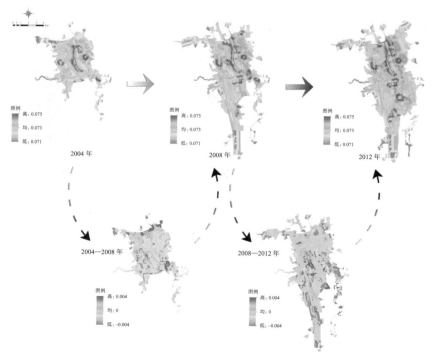

图 6-24　2004—2012 年间榆林市生态系统服务绩效空间动态变化分析图

持平。整体看来，城市内部的生态服务水平要高于城市边缘区，这主要归因于城市生态
系统的景观服务水平的空间差异影响。

2. 城市生态系统绩效水平分析与评价

综合以上各层的绩效水平得到城市生态系统绩效水平变化（图6-25）。2004至2012
年间，生态系统的绩效水平逐步下降，降幅达到22.0%，其中2004—2008年间下降较快
达到16.3%。在前一时期内，起始城区范围内的生态绩效水平下降了11.3%，扩展区的
绩效水平达到2004年的76.8%；在后一时期的城市发展过程中，起始城区范围内的生态
绩效水平下降了6.5%，扩展区域达到80.5%的绩效水平，高于2012年的整体水平。具
有一定规模的或者连续的生态绿地是生态绩效值最高的分布区域，分散的小型绿地次之。
绿地面积的减少直接造成生态绩效的降低，这在2008—2012年间表现得最为明显。

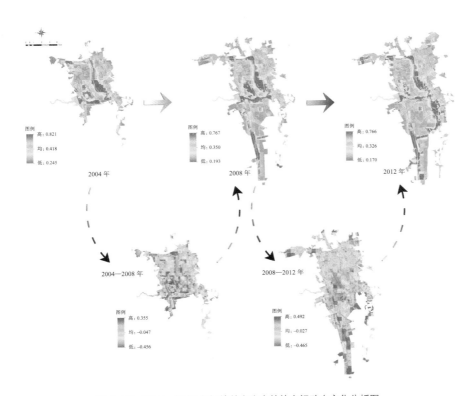

图6-25　2004—2012年间榆林市生态绩效空间动态变化分析图

3. 城市空间扩展的生态绩效评价

从发展过程来看，榆林城市生态系统的绩效发展具有以下特点：

2004—2008年期间城市扩展强度较大，而城市绿地规模与景观格局并没有太大改变，
导致城市生态绩效大幅度下降；在这一时期内，扩展区的平均生态绩效水平低于原有城
区，是拉低城市生态绩效整体水平的主要动因之一。2008—2012年间，城市空间扩展的
速度相对降低，幅度相对减小，但生态格局在这一时期内趋向完整，城市生态绩效又有

了上升的趋势；但内部原有城区的绩效水平仍继续下降，扩展区域的绩效水平在这一时期增加较快且超过了原城区，对整体生态绩效水平的提升发挥了较强的作用。

城市的扩展直接导致了生态绩效的下降，且下降的幅度与扩展强度有一定的联系。虽然扩展区在前期的生态绩效表现较弱，但在人为因素的影响下该区的绩效水平大幅提升，并在后期推动了整体水平的进步。不过，生态内部价值的回升速度依然较慢。

生态系统的外部服务水平基本没有变化，而系统内在价值指标变化较为显著，说明生态服务绩效的变化难以反映生态系统内部绩效变化。由于生态系统内部价值是系统发挥外部价值的基础，因此后者对前者变化的反应具有一定的滞后性。

6.4.2　社会绩效评价

1. 城市社会系统各层级扩展绩效分析与评价

（1）生理需求满足绩效分析

图6-26表明，以2004年绩效值为准（以下数据相同），2004—2012年间城市社会生理需求满足绩效随城市发展而小幅下降（-7.5%），主要下降时段集中在2008—2012年间，降幅为6.9%。其中在2004—2008年间，起始城区范围内的生理需求满足绩效小幅上升了3%，扩展区域的达到99.1%，基本与2008年的整体水平一致；在2008—2012时段，2008年城区轮廓内的绩效水平下降了7.5%，扩展区水平达95.7%，略高于2012年的整体水平。生理需求满足绩效的空间分布呈"从东至西带状阶梯式递减"的特征；随着城市发展，各等级梯段依次逐渐西移；其中东部边缘的绩效水平下降明显，且下降过程主要发生在2008—2012年间。

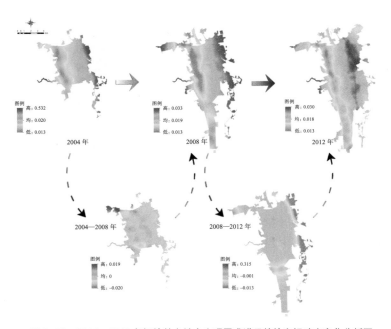

图6-26　2004—2012年间榆林市社会生理需求满足绩效空间动态变化分析图

（2）安全需求满足绩效分析

2004—2012 年间，城市安全需求满足绩效（图 6-27）水平的下降较为明显，达到 13.3%，其中 2004—2008 年间降幅较大，达到 8.9%，后一时段的降幅比前段缩小一半。各研究时段内，扩展区与起始城区内的绩效水平差异较大：前一时段内，起始时期城区范围内绩效水平降低了 9.1%，扩展区的水平基本与末期城市整体水平一致；后一时期内，起始城区范围的绩效水平下降了 2.8%，而扩展区的水平只达到其的 78.8%，与 2012 年产生较大差距。各绩效等级的空间集中、连片分布的特征较为明显，呈现"中部高、四周低，原区高、新区低"的空间差异。城区内的大片生态用地往往是绩效较高的集中区域，其中，2004 年低效空间主要集中在 A 区东部和 B 区北部、西南，2008 年的低效空间较为破碎，主要在 C 区内增加，2012 年则明显集中在 D 区和 C 区东部。

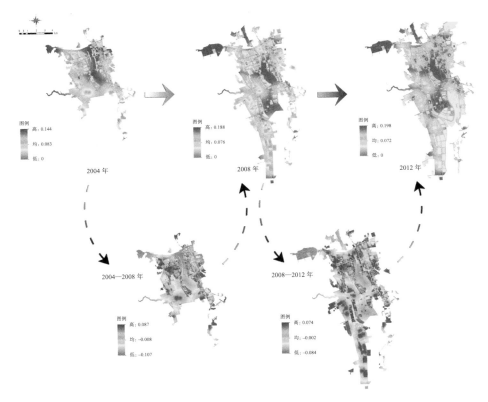

图 6-27　2004—2012 年间榆林市社会安全需求满足绩效空间动态变化分析图

（3）社交需求满足绩效分析

城市社交需求满足绩效（图 6-28）在研究期间下降较为明显，降幅达到 11.8%；其中 2004—2008 年间下降较快，降幅达 8.4%；2008—2012 年间降速减缓多半，降幅达 3.4%。两个时段内起始城区范围内的绩效水平只有小幅度升、降，因此城区整体绩效水平的降低主要归因于扩展区的低效，只达到 78% 左右。绩效的空间分布差异呈现出"内部高、边缘低，原城区高、扩展区低"的空间特征，这在 2008 年和 2012 年更加凸显；绿地、道路是高效空间的集中区域，对社交需求绩效的提升效果十分显著。

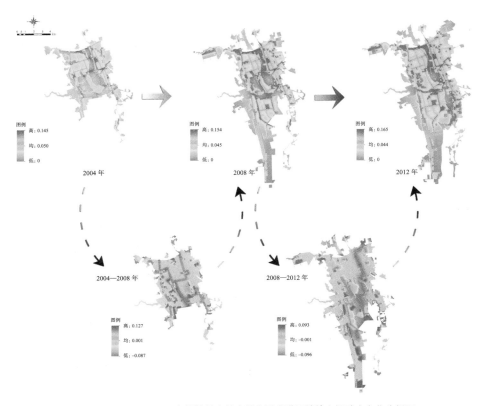

图 6-28　2004—2012 年间榆林市社会社交需求满足绩效空间动态变化分析图

（4）社会尊重需求满足绩效分析

随着城市的发展，社会尊重需求满足绩效（图 6-29）的水平的降速越来越快，2004—2008 年间下降了 3.8%，2008—2012 年间下降了 6.9%，是前一时期的两倍。在前一时期内，初始空间范围内的绩效水平有 2.8% 的上升，上升的区域主要集中在西南部；扩展区域的绩效水平只有 87.36%，明显低于该时段末期的整体水平；在后一时期内，初始空间范围的绩效水平下降了 4.3%，北部是下降最大的区域；扩展区内达到 77.9%，与末期的城市整体水平差距更大。从空间分布的特征来看，A 区老城区的尊重需求绩效远高于其他区域，其次是 B 区的中部，再者是 2008—2012 年间出现的 C 区北部的片区，呈现"从东至西、从北至南递减"的趋势。相对低效的区域也较不稳定，2004 年出现在城区的西南部，2008 年转移到城区的西北角以及中部，2012 年又在 2008 年的基础上增加了北部大片的区域。总之，新区的尊重需求满足绩效一直相对较低，且提升缓慢。

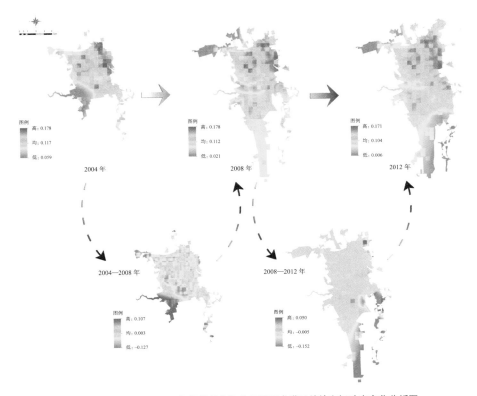

图 6-29 2004—2012 年间榆林市社会尊重需求满足绩效空间动态变化分析图

（5）社会自我实现满足绩效分析

社会自我实现满足绩效（图 6-30）在 2004—2012 年间下降了 13.5%，下降的过程主要发生在 2004—2008 年间，降幅达 12.2%。在两个时段内，起始城市范围内的绩效水平比 2004 年都略有上升，升幅分别为 0.9% 和 0.2%。对应时段的扩展区内的绩效水平分别为 70.6% 和 78.5%，都低于对应时段末期的城市平均水平。绩效空间分布的差异显著，整体呈现"东高西低、北高南低、老城区优于新城区、中心区优于边缘区"的特点。高效区始终集中在 A 区，随着城市的发展逐渐向西、向东蔓延。A、B 区北部的绩效得到显著提高，使得扩展区与原有城区的差距进一步较大，因此扩展区是拉动整体水平下降的主要因素。低效空间主要集中在距离城市重心较远的边缘部分以及 C、D 区接壤的部分。

（6）社会服务水平绩效分析

社会对外服务绩效（表 6-8）在 2004—2008 年间下降明显，降幅达到 9.6%，但在随后的 2008—2012 年间又有 9.7% 的上升，整体来说 8 年间没有太大变化。

2004—2012 年间榆林市社会服务水平绩效值 表 6-8

社会服务水平绩效值	2004 年	2008 年	2012 年
	0.055	0.050	0.055

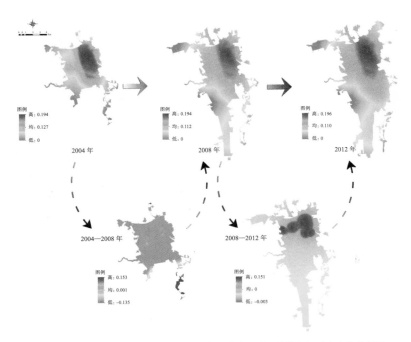

图 6-30 2004—2012 年间榆林市社会自我实现满足绩效空间动态变化分析图

2. 社会系统发展绩效的分析与评价

总体来说，榆林市社会发展绩效（图 6-31）在 2004—2012 年间下降了 10% 左右：

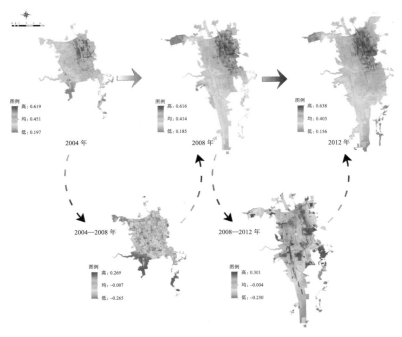

图 6-31 2004—2012 年间榆林市社会系统发展绩效空间动态变化分析图

其中前期下降较多，达 8.2%，后期降幅较小，达 2.4%。在两个研究时段内，起始时段城市空间范围内的绩效水平有 1% 左右的下降，扩展区内的绩效水平基本上一直处于82% 左右，都明显低于对应时段末期的绩效水平。具体来看，2004—2008 年间，下降区域大量分散在 A 区和 B 区内，而集中增长的区域出现在 B 区西南角；2008—2012 年间，A 区和 B 区出现大范围的绩效提升，而在前一时期扩展出来的 C 区内则出现了普遍的下降。从空间分布的差异性来看，呈现"老城区高、新城区低"和"东高西低、北高南低"的空间分布特征，A 区、B 区、C 区、D 区的绩效水平依次降低。老城区一直处于社会绩效的较高等级水平，城市社会绩效的空间分布整体表现出"以高等级绩效中心为原点、绩效等级向外依次降低的空间圈层分布"特征，且圈层间距不等（图 6-32）。

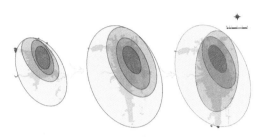

图 6-32　榆林市社会绩效空间结构特征示意图

3. 城市空间扩展的社会绩效评价

2004—2012 年间榆林市社会绩效的变化较为平稳，内部指标之间与层级之间的绩效变化相差不大，空间扩展是导致城市社会绩效水平降低的主要原因之一。具体如下：

（1）8 年间城市社会绩效的整体水平降低了 10% 左右，系统内部各层的绩效变化相差不大，基本与整体水平保持一致，变化较为平稳。

（2）除了社会服务水平出现了先降后增的情况外，其余各方面的绩效情况都处于连续下降的状态，且大部分指标在 2008—2012 年间的绩效变化明显优于 2004—2008 年间的变化。在各个研究阶段内，原有城区的绩效水平变化较小且一直优于扩展新区。说明城市扩展是影响社会绩效的原因之一，扩展强度影响社会绩效的变化幅度。

（3）各阶段内起始城区的绩效水平变化不大，扩展区一直处于整体较低水平，说明城市社会绩效的发展与变化较为缓慢、平稳。

6.4.3　经济绩效评价

1. 城市经济系统各层级扩展绩效分析

（1）城市经济产出绩效分析

扩展速度过快使得城市经济的产出效力（图 6-33）在 2004—2012 年间剧烈下降了将近一半，其中 2004—2008 年间下降了 40.9%，后期又有 14.7% 的降幅。2004—2008 时段，初始城市范围内的经济产出效力减少了 37.4%，而扩展区域的绩效水平为 54.9%；

2008—2012 时段，初始范围内的绩效水平又下降了 13.8%，扩展区域已降至 40.4%。扩展区的产出效力均低于对应时期的平均水平。产出效力等级相近的空间成片集聚，呈现"中心优于边缘、老城优于新区"的特征。高效空间在 2004 年集中在榆溪河两侧，且东侧老城区的水平优于西侧，在随后的四年间主要沿两侧向外蔓延形成东西两个高效空间组团；2008—2012 年间，城市中部的高效组团也逐渐成形，形成沿中心生态廊道的三大经济产出高效区。城市内部与外部的产出效力存在一定的差异，且经济产出空间在城市中的蔓延速度较快，城市北段扩展区的高效片区也已具雏形。

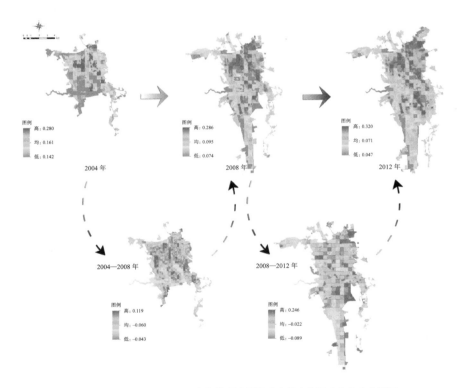

图 6-33　2004—2012 年间榆林市经济产出效力空间动态变化分析图

（2）城市经济增长绩效分析

2008 年比 2004 年的增长效力（图 6-34）平均增加了 8.5%，2012 年则比 2004 年增加了 17.3%，增长的效力逐年提升。其中在 2004—2008 年期间为全正向增长，在初始空间内增长效力增加了 2.7%，集中在榆溪河两岸的城市内部；扩展区内的增长效力基本与 2008 年持平，高效空间分布零散。在 2008—2012 年期间，城市经济的增长效力出现正负共存的现象，即从填塞式的"增"转为疏解式的"增、减并存"；其中初始空间内增长了 8.9%，而扩展区内增长了 17.4%，且高效区都分布得较为零散。因此，扩展区的成长是城市经济增长效力保持与提高的主要拉动力，集中提高与分散提高是城市经济增长效力在空间扩展过程中的两种过程状态。

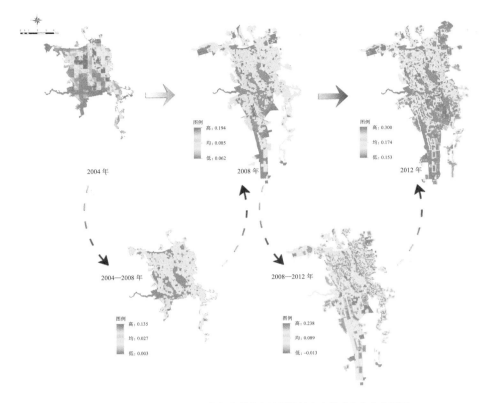

图 6-34　2004—2012 年间榆林市经济增长效力空间动态变化分析图

（3）城市经济增长潜力开发绩效分析

经济增长潜力（图 6-35）的开发绩效在 2004—2012 年间有近 50% 的提升，其中在 2004—2008 年间提升了 17.6%，在 2008—2012 年间提升了 30.6%。在前一时期内，初始空间范围内的绩效水平提高了 17.6%，扩展区内的水平达到 117.5%，基本与末期时的城市整体水平相同；在后一时期内，初始空间范围内的增长潜力提升了 30.6%，而扩展区内的水平达到了 147.3%，略微低于末期的整体水平。从整体发展过程来看，绩效较高的区域呈现"片区、条带"式的空间分布特征，片区主要分布在老城区，条带主要沿河、沿路发展。具体到空间分布上，在 B 区北部与 A 区东北部一直存在两个主要的高效片区，条带主要分布在两片区以南、沿城市南北干道从东至西发展；前一扩展期内以条带的增长为主，后一扩展期内以片区绩效的降低为主；从 2004 年的"两大片区、两大条带"逐步发展成 2012 年的"两大片区、三大条带"的结构，且条带式比片区式成长快速。绩效值越小代表该空间开发的潜力越大，老城区和道路周边一直是开发潜力较大的区域，老城的低密度使其保持经济价值的潜力，道路引导城市开发的走向。

（4）城市经济增长稳定绩效分析

研究期间城市经济增长的稳定性绩效（表 6-9）增加较为迅速，2004—2008 年间增长了 7.7%，2008—2012 年间增幅达到 37.8%，后期的增长速度明显较快。

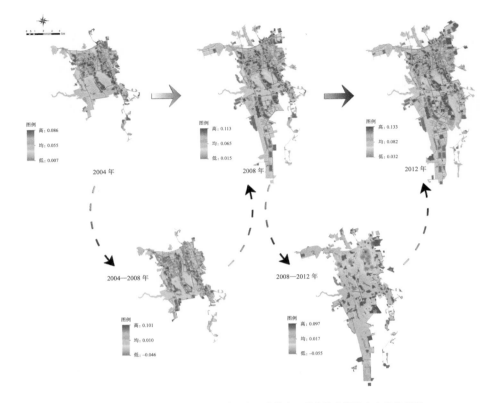

图6-35　2004—2012年间榆林市经济潜力开发绩效空间动态变化分析图

2004—2012年间榆林市经济增长稳定性绩效值　　　　表6-9

经济增长稳定绩效值	2004年	2008年	2012年
	0.029	0.031	0.042

（5）城市经济服务绩效分析

城市经济系统的对外服务（表6-10）水平在2004—2008年间下降剧烈，降幅达到73.8%；虽然在2008—2012年间又有35.3%的回升，但整体下降速度仍较快。根据该层次内含指标因子的变化情况推断，空间扩展速度太快、用地增幅过大是造成对外服务绩效整体水平降低的主要原因。

2004—2012年间榆林市经济服务绩效值　　　　表6-10

经济服务绩效值	2004年	2008年	2012年
	0.076	0.020	0.047

2. 城市经济系统发展绩效分析

城市经济系统绩效（图6-36）在2004—2012年间经历波动后略有提升，在前4年内整体绩效水平下降了 22.2%，后续四年又上升了 31.4%。其中 2004—2008 年间，起始空间范围内的绩效水平下降了 20.3%，而扩展区内的水平只有 75.3%，拖累了整体水平；2008—2012 年间，起始空间范围内的绩效水平得到 31.8% 的提升，扩展区域的绩效水平也急升至 107.9%，两者共同拉动了整体绩效水平的提升。

城市经济绩效的空间等级分布具有"成片、成带"的特征，高等级绩效区主要沿生态廊道、主要道路分布。在 2004、2008 与 2012 年各形成"两片两带""两片三带""三片两带"的城市高效空间结构：2004 年已形成的两大片区占有城市经济高效区相当大的比重，主要分布在城区北部的河流两侧，这也是城市发展历史较为悠久的地段，从两片区各沿河延伸出两条高效发展带直到城市的南端，共同形成了两片两带的城市经济高效结构；2008 年的经济高效空间是在 2004 年空间构架基础上的进一步生长，在城市西侧沿路又萌生出一条高效发展带，同时两大片区也进一步膨胀，河流西侧的高效带进一步向西南延伸；2012 年的经济高效区发生了明显的扩张，结构也有了较大的变化，除了两大片区继续向外蔓延，最大的变化是西部发展带与中部发展的南端结合形成了城市中部的又一高效发展片区，并且城市北段的增长片区也初具雏形。

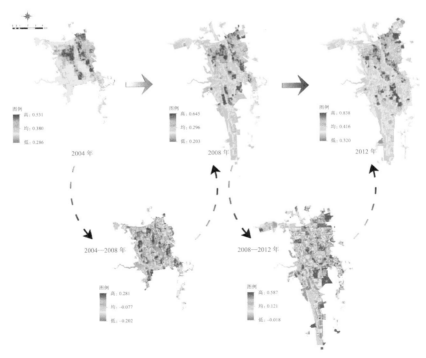

图 6-36 2004—2012 年间榆林市经济绩效空间动态变化分析图

3. 城市空间扩展的经济绩效评价

2004—2012 年间，经济系统的绩效变化随城市的发展表现出以下特征：

期间，绩效整体水平的波动较大，无论是绩效升降的幅度还是变化的方向在前后两个扩展时期内都有较大的变动；总体水平虽有上升，但幅度不大，其中经济系统的内在价值一直增加，而系统外在价值有所减小。

系统内部变化差异明显，其中土地产出与对外服务的平均水平有大幅下降，而经济增长的能力、对增长潜力的开发以及经济的稳定性都有较大幅度的提升；各指标在2008—2012年间的绩效变化总体优于2004—2008年间的变化。

系统内部的绩效变化受城市空间扩展强度的影响较大。扩展强度过大阻碍了经济绩效的提高；扩展强度直接影响土地的产出水平，强度过大一般造成地均产出的下降，同时扩展幅度过大造成的"超前浪费"也阻碍了经济服务效力的发挥；虽然空间扩展对城市经济的增长效力与经济潜力的开发具有明显的拉动作用，但是过度的扩展也会降低绩效提升的幅度。

6.4.4　绩效综合评价

综合以上分析可以总结出榆林市空间扩展绩效的以下特点：

首先，各系统的绩效发展各有特点。从绩效变化的幅度上来看，经济系统的绩效变化幅度最大，其次是生态系统，社会系统的变化较为平稳；从绩效的空间变化速度来看，经济、生态、社会的高效空间生长速度依次降低；从绩效变化过程特征来看，经济系统经历大幅下降与上升、波动较大，生态系统受人为意志的影响也经历小幅的起伏变化，社会系统则一直保持下降的趋势且降速略有降低。

其次，各系统的绩效空间结构特征各异。生态高效空间主要囿于城市生态基质的情况，因此生态格局与规模结构引导了高效区的走向；社会绩效圈层等级分布的特征较为突出，人文历史的积累往往成为高效空间的成因，构成圈层结构的中心；点、线、面的组合是经济高效空间的主要结构特点，榆林市高效结构演变过程中，面状片区的增长速度低于经济带的延伸。

再者，城市空间扩展强度与绩效增长不同步加剧了绩效的空间不均衡程度。研究期间城市扩展强度较高，而绩效的增长明显滞后于空间扩展的速度导致空间发展不均衡加剧，总体表现为城市内部优于边缘区域，先发展区优于后扩展区。

最后，城市各系统绩效的影响因素不同，生态空间对城市整体绩效的提升作用显著。从绩效的分布与相互关系可以看出生态空间不仅是本系统的主角，同时也引导其他系统高效空间的分布，在城市综合绩效体系中占有重要的比重。除此之外，人文环境的历史厚度、社会服务的情况等引领了社会高效空间的布局，而政策、技术以及区位、道路等客观条件对经济绩效的刺激也十分明显。

6.5　榆林市空间扩展绩效的空间结构特征

6.5.1　基于生态价值绩效评价的城市空间结构特征

基于榆林市的生态本底，基于城市河流的主体格局使得榆林市生态结构呈现出复制网络化的过程和"弓"字形的结构形态，有力地保障了城市生态绩效的发挥（图6-37）。

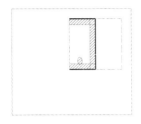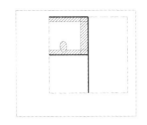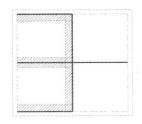

图 6-37　榆林市生态高效空间格局变化

由于此结构的影响，榆林市生态绩效在研究期间一直具有内部高边缘低、原区高新区低的空间特征。城市生态绿地的面积、规模等级、连续性等是直接影响城市生态绩效的整体水平的主要因素，而绿地分布的格局与均匀程度影响生态绩效的空间水平。榆林市贯穿南北的"弓"形生态主体格局对榆林市生态绩效的整体水平和空间水平都有很大影响，是城市生态绩效的有力保证。因此，增加绿地面积、维护完整的生态格局、规划更为完善的生态结构对城市生态绩效的发展十分关键。

6.5.2　基于社会价值绩效评价的城市空间结构特征及演化

从社会结构的空间格局可以看出，榆林市单中心圈层式扩展的基本特征多年保持未变，社会空间结构的极化现象显著（图 6-38）。

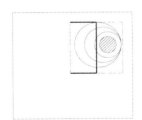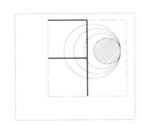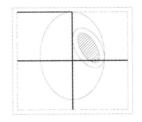

图 6-38　榆林市社会高效空间格局变化

榆林城市社会价值绩效具有显著的空间特征：

（1）集中、连片的圈层等级分布是社会绩效空间的基本特征，中心圈层的绩效等级最高；社会圈层结构在 2004—2012 年间基本保持不变，圈层间距相对变化较大，其中内部圈层向外拓展缓慢，低等级的外部圈层明显增大。

（2）城市社会绩效的空间差异也较大，东高西低、北高南低、老城高新区低的空间特征一直存在；老城区一直位于社会最高等级绩效圈层，并占相当大的比重，是维持城市整体社会绩效的重要保证。

（3）城市生态空间与城市道路等公共设施也对城市社会绩效的提升有较大的作用。

总体来说，研究期间榆林市社会绩效水平平稳下降、变化较为缓慢；等级圈层式的社会绩效空间结构保持不变，其重心一直位于城市的东北部的老城区并稍向南移；新区与原城区的差异较大，新区一直处于绩效较低水平，城市扩展是社会绩效水平降低的主因；城市历史积累对社会绩效水平的影响较大，城市公共服务空间也有助于社会绩效的提升。因此，应在维护北部老城区的社会发展的同时，加大南部新区社会高效中心的培育力度，以平衡社会发展的空间差异，共同提高城市社会绩效水平。

6.5.3　基于经济价值绩效评价的城市空间结构特征及演化

由城市经济绩效的空间格局可以看出，榆林城市经济中心经历了"点-带-点、带结合"的培育过程（图6-39）。除了北部两个组团稳定的经济中心以外，在城市中部形成了新的经济增长极，城市西南部也表现出一定的经济中心培植潜力，使得经济绩效空间结构趋于均衡化。

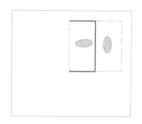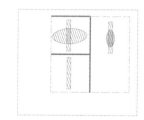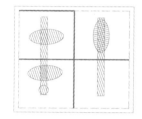

图 6-39　榆林市经济高效空间格局变化

城市空间扩展带动城市经济空间结构逐渐完善。城市经济高效空间以"点、线、面"的形式存在，经济高效空间结构从"两片两带"演变至"三片两带一中心"（图6-39）；中部形成新的经济增长极、北部的增长中心也初具雏形，使得经济重心从北向南转移，高效空间的分布也更为均匀，经济空间结构逐渐完善。

城市经济绩效分布呈现"北高南低"的空间特征（图6-40）。2004年城市经济高效空间主要集中于北部的两大片区，城市经济重心位于城市北部，经济发展的空间不均衡现象十分突出；2004—2012年间，北部片区继续向外膨胀，并仍占有较大的比重，对城

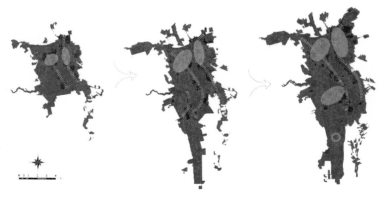

图 6-40　2004—2012 年间榆林市经济绩效空间结构演化分析图

市经济发展具有举足轻重的作用；虽然经济带向南生长较为迅速，并在中部形成了新的增长极，使得城市经济重心南移，带动了中部的经济发展，缓和了经济发展不均衡的现象，但是中部片区仍在成长之中，且北部扩展新区的增长中心还未培育起来，难以承担拉动整体经济的重任。

道路、河流对城市经济发展的指向作用明显。榆溪河两侧一直是城市经济高效区域，城市高效经济带也主要沿主要道路向南生长，引导经济空间顺应城市空间扩展方向向南推进。

总体来说，2004—2012年间榆林市经济绩效在波动中得到提升，城市的快速扩展易引起经济绩效水平的波动，也激发了城市经济空间结构的调整；扩展强度过大会降低绩效或阻碍其水平的提升，经济结构也需要逐步完善。随着城市空间的快速南拓，经济重心也随之南移，空间结构得到了逐渐完善；北高南低的绩效发展差异仍存在，北部城区的经济效能继续提升，南部扩展区还需要时间培育以进一步蓄积力量。城市经济结构随城市拓展方向以纵向为主，但随着南北格局的拉大需要横向结构做内部的支撑，形成结构更为稳固的网状空间。

7 固原市空间扩展绩效测度与评价

固原位于宁夏回族自治区南部，北距银川市 328km²，西距兰州市 335km²，东南距西安市 399km²，位于银川、兰州、西安三个省会城市构成的三角地带的中心位置，是全国最大的回族聚居地和宁南重要的区域中心城市。固原地处我国黄土高原的西北边缘，属黄土丘陵沟壑区，境内以六盘山为南北脊柱，地势南高北低，海拔大部分在 1320～2928m 之间。受复杂地形的影响，固原市发展长期封闭受限，经济发展较为滞后，经济总量和城镇化水平始终居宁夏末位并落后于国内其他地级市，与榆林市强劲的经济势头形成了鲜明的对比。从中心城区来看，早期的固原古城建设分布在古雁岭和清水河之间，多年间城市空间主要围绕固原古城呈圈层式缓慢扩展，直至 20 世纪中后期城市建设才跨越清水河，扩展至清水河和东岳山之间，2000 年以后又扩展至古雁岭和秦长城遗址之间，受山水自然环境和秦长城遗址的影响，城市空间向北、向东扩展显著受阻，开始了组团分化和"蛙跳式"生长（图 7-1）。在固原城市空间从单中心、团聚状向多组团扩展演变的过程中，城市形态结构复杂化，并暴露出扩展弹性失调的问题，亟需对其空间扩展的绩效进行测度与评价，以引导城市空间合理布局。本章基于主体价值视角对固原市空间扩展绩效开展测度与评价。

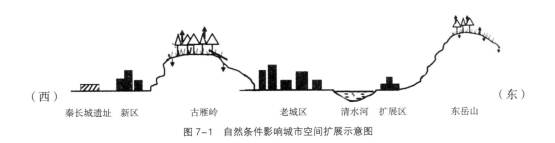

（西）　秦长城遗址　新区　　　　古雁岭　　　老城区　　清水河　扩展区　　　东岳山　　（东）

图 7-1　自然条件影响城市空间扩展示意图

7.1 固原市空间扩展过程分析

7.1.1 城市空间扩展分期

1.稳定扩展期（2000 年以前）

固原历来是军事要塞，具有一千多年的建城史，虽几经战火，反复兴衰，但城市空间形态主体未发生太大改变。中华人民共和国成立后，在固原古城之上，城市依托清水河、公路和铁路等水陆交通设施的不断完善，逐步沿河沿路拓展。除了必要的铁路及其场站等区域性交通设施建设外，90 年代以前的固原市基本上保持着以古城为中心的团聚状，这从清宣统古城图和 1987 年的城市影像对比中可以清晰看出，城市空间扩展处于相对稳定期（图 7-2）。

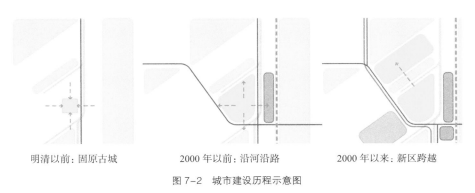

明清以前：固原古城　　　　2000 年以前：沿河沿路　　　　2000 年以来：新区跨越

图 7-2　城市建设历程示意图

资料来源：《固原市城市总体规划（2011—2030）》。

2. 快速扩展期（2000 年以后）

《固原市城市总体规划》（1999 年版）的编制实施使得固原城市形态发生了较大改变，六盘山路、南城路和东关北街环路的出现将城市框架整体拉大，道路网向北、向南、向西扩展。也正是这一时期城市路网的快速扩展对固原市后期的城市形态结构产生了重大影响，并促使固原市从此进入城市空间快速扩展期（图 7-3）。

2003 年时，城市建成区面积为 14.3km²，城市规模和形态基本继承了上一时期的发展现状。之后，在"优先发展新区、保护改造老城、拉开城市框架、扩大城市规模、强化城市管理"的发展思路指导下，城市道路网在 2007 年出现"突变"，城市出现更大一级环路（北京路、萧关东路），显著地将城市空间引向新区，但由于古雁岭的阻碍，城市空间扩展并未出现圈层式蔓延，而是

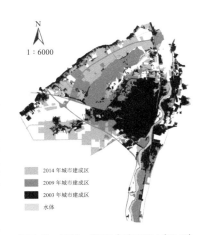

图 7-3　2003、2009 年和 2014 年三时相城市建设用地叠加图

呈明显的组团式结构和"蛙跳式"生长。4 年间，城市建成区面积近乎翻倍，快速增至 26km²，这一阶段的城市扩展强度也达到研究期的最大值。至 2011 年，由于城市道路网的建设对城市骨架的拉伸，城市空间扩展突破老城范围，城市用地出现空心化 - 填充空心的增长过程。至 2014 年，城市建成区规模达到 44.4km²，城市新区基本填充建设完成。城市西南组团和西部新区的道路建设再次打破城市原有形态结构，城市路网向西、向南继续扩展，城市第三个环路出现（北环路、萧关路），城市框架再扩大，并新增两个组团用地。

7.1.2 城市快速扩展期空间特征

1. 显著的周期性

依据城市建成区面积、扩展强度和扩展速率可以看出，固原市城市空间扩展经历了扩展与缓冲交替的峰-谷型周期性变化过程（表 7-1）。

固原市城市建成区空间扩展指数表　　　　表 7-1

阶段划分	建成区增长面积（km²）	扩展强度	扩展速率（%）	特征
2001—2003 年	0.760	0.028	0.027	缓冲期
2003—2007 年	11.753	0.205	0.162	扩展期
2007—2009 年	0.768	0.007	0.015	缓冲期
2009—2014 年	17.549	0.164	0.106	扩展期
2014—2018 年	3.415	0.019	0.018	缓冲期

数据来源：根据遥感影像获得的用地图谱信息计算整理。

2. 形态结构的复杂化

受制于五山两河的自然地形条件和区域道路交通设施，城市空间扩展呈"蛙跳式"发展，城市从最初的单中心集中团块型发展成多组团模式。与城市空间扩展过程的周期性相对应，城市空间形态结构也出现了一定的波动。从城市空间紧凑度和分形维数变化曲线来看，紧凑度水平较低且整体下降，分形维数整体升高，说明城市空间扩展过程中土地利用集约化程度在降低，以外延式为主的空间扩展模式突显，城市形态结构趋于复杂化（表 7-2）。

固原市城市建成区空间形态指数表　　　　表 7-2

年份	紧凑度	分形维数	指数特征		城市结构
2001 年	0.340	1.117	—		集中团块型
2003 年	0.202	1.180	↓	↑	集中团块型
2007 年	0.215	1.166	↑	↓	双组团
2009 年	0.207	1.170	↓	↑	三组团
2014 年	0.199	1.169	↓	↓	多组团
2018 年	0.284	1.636	↑	↑	多组团
均值	0.241	1.240			—

数据来源：根据遥感影像获得的用地图谱信息计算整理。

3. 明确的方向性

特殊的自然格局和区域性交通设施对城市空间形态的均衡性和组团间的联系性产生重大影响。随着城市结构形态的复杂化，城市形态结构和重心也在不断地发生变化（图7-4）。2001 至 2003 年间，城市重心略有北迁；2003 至 2007 年，城市重心明显西移，2007 至 2009 年城市重心继续向西移动；至 2014 年，城市重心已显著的向西偏移。在研究期内，城市重心整体表现出向西迁移的过程，其中 2003 至 2007 年、2009 至 2014 年两个时期变化最为显著，城市重心的变化过程反映了城市建设的扩展方向。

图7-4　固原市城市及组团重心变化分析图

尽管城市用地结构和空间结构有所改变，使得城市由单中心团聚状演变为多组团结构，但是依据城市扩展组团的发展实际和城市重心测算，其实质仍为依托于老城的单中心结构。

4. 扩展过程失调化

依据固原市建成区图谱信息测算城市用地增长率，并结合《中国城市统计年鉴》中的市辖区非农人口测算相关年份的市辖区非农人口增长率，计算得到固原市城市空间扩展弹性指数（表7-3）。

固原市城市建成区空间扩展指数表　　　　　　　　　　　　　　　表7-3

年份	城市用地增长率（%）	城市人口（市辖区非农人口）增长率（%）	扩展弹性指数
2003 年	0.38	0.185	2.054
2009 年	0.38	16.590	0.023
2014 年	3.51	0.646	5.433

数据来源：根据遥感影像获得的用地图谱信息及《中国城市统计年鉴（2001～2014）》数据整理计算。

值得警醒的是，固原市的城市空间扩展过程中，除 2009 年的扩展弹性指数出现极小值之外，在固原市其他典型历史时期的建成区弹性指数均严重超出合理的城市空间扩展弹性指数，暴露出城市存在空间扩展失调的问题。

7.1.3　城市快速扩展期典型时间节点的确定

自 2003 年撤地建市以来，固原市 GDP 增速持续加快，14 年间的平均增速超过 15%，并在 2008 年和 2011 年形成两个显著的波峰，在 2009 年发生波动，从 2012 年开始显著回落，在 2014 年以后降幅趋于平缓；固定资产投资增长率分别在 2009 年和 2014 年达到两个顶峰；固定资产投资占 GDP 比重从 2009 年开始缓慢加速，在 2014 年开始激增；地方财政预算内支出占 GDP 比重在 2009 年前呈波动式上升的特点，在 2009 年后趋于平稳；二、三产业增加值占 GDP 的比重在 2014 年之后表现为下降的趋势（图 7-5）。

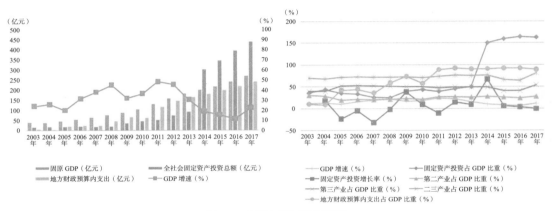

图 7-5　固原市经济发展历程图

综合固原市的空间演变特征和经济发展历程，研究确定 2003 年、2009 年和 2014 年为能够代表和反映固原市城市空间演变历程及特征的典型时间节点。研究以固原市建设用地演变典型时期的高分辨率遥感影像为基础数据源（表 7-4），通过人机交互解译，提取相应年份的城市建设用地信息，建立固原市空间数据库，并进行分析，为空间扩展绩效测度与评价奠定基础。

高分辨率遥感影像数据基本信息　　　　　　　　　　　　　　　表 7-4

卫星名称	所用波段	空间分辨率（m）	存档数据日期
QB		0.61	Sep 4, 2003
QB	红、绿、蓝、近红外波段	0.61	Jun 9, 2009
GF-1		2.0	May 19, 2014

7.2　固原市空间扩展绩效因子提取与分析

研究以主体价值视角的空间扩展绩效测度与评价体系为基础（图6-1），以其指标内涵为指引，结合固原市相关资料的分析结果，因地制宜地调整了该体系中的部分因子。为消除评价因子之间的量纲和取值范围差异的影响，研究对固原市空间扩展绩效的评价因子进行了数据标准化处理，以满足数据因子之间的可比性。

7.2.1　生态因子

1. 个体环境适应层

研究结果表明：固原市地形较为平缓，东北地势最低，西南最高，地势变化呈对角线状由东到西逐渐增高，南北差异不大；地形起伏度总体呈降低趋势，但降幅较小。植被覆盖度随着城市空间的不断扩展而逐步降低，其中沿河绿地和古雁岭文化生态园的地被指数贡献较大。2009年的生态敏感度指数最高，2003年次之，2014年最低，较为敏感的地带主要为河流水体、古雁岭生态文化园等，新扩展区域的生态敏感度最低（图7-6）。

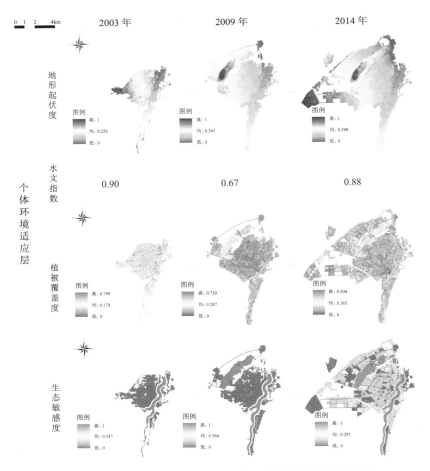

图7-6　2003—2014年间固原市个体环境适应层绩效评价因子信息提取

2. 群落结构稳定层

研究期内，自然度指数先降后升，总体降低，表明固原生态系统的多样性和异质性受到城市空间扩展的影响而不断下降，生态系统的稳定性持续降低。干扰度指数先降后升，研究期末高于研究初期，建设发展相对成熟区域的干扰度低于城市新拓展区域（图7-7）。

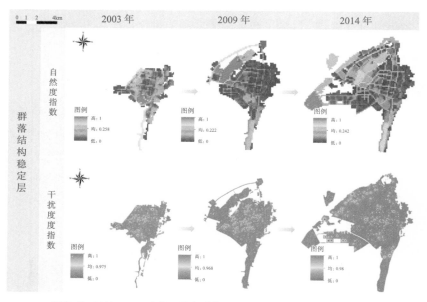

图7-7 2003—2014年间固原市群落结构稳定层绩效评价因子信息提取

3. 生态过程连续层

研究期内，固原市景观破碎度在显著降低，前一期的降幅较为剧烈；相反地，景观分离度显著提升，前一期的升幅小于后一期。大面积绿地斑块在前期显著增多是造成这两项指标变化的主要原因。景观多样性和景观均匀度变化过程相似，均呈现出先升后降，整体小幅下降的变化结果。因此，尽管景观破碎度有所降低，但景观多样性、均匀度和分离度均表现出负向结果，说明快速的城市扩展减弱了生态连续性（表7-5）。

2003—2014年间固原市生态过程连续层绩效评价因子信息提取　　表7-5

	景观指数	2003年	2009年	2014年
生态过程连续层	景观破碎化	1.00	0.63	0.57
	景观多样性	0.98	1.00	0.95
	景观均匀度	0.98	1.00	0.95
	景观分离度	0.34	0.48	1.00

4. 生态服务层

研究期内，固原市生态服务价值密度和景观服务水平均持续大幅提升，绿当量强度在前期大幅提升，后期降低，总体呈提升的结果（图7-8）。

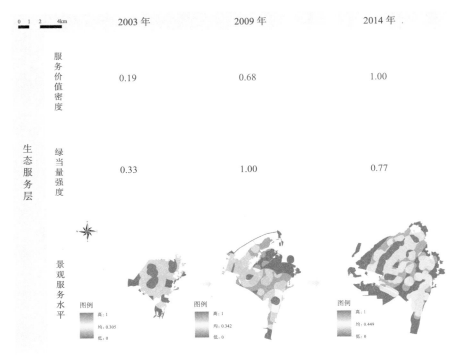

		2003 年	2009 年	2014 年
生态服务层	服务价值密度	0.19	0.68	1.00
	绿当量强度	0.33	1.00	0.77
	景观服务水平			

图 7-8　2003—2014 年间固原市生态服务层绩效评价因子信息提取

7.2.2　社会因子

1. 生理需求满足层

城镇居民人均可支配收入可以反映居民的近期消费能力和生活水平的变化。较高的城镇居民可支配收入使得居民具有更多的购买力，消费水平和消费结构得到改善，基本需求的满足度也随之提高。2009 年，固原城镇居民人均可支配收入较 2003 年翻番，2014 年较 2009 年提高了 66.8%，增速较快。人均公园绿地面积先降后升，前期降幅小于后期升幅。环境安静指数整体呈增大趋势，2009 年时最高，说明随着城市空间的扩展，城市居民受到噪声污染的程度得以改善。老城区的环境安静指数最低，受到的噪声干扰最大，新拓展区的环境安静指数高于建设成熟区，说明新拓展区域的免受环境干扰的程度优于老城区（图 7-9）。

2. 安全需求满足层

本研究中，用研究期与基年的工业废水排放达标率的比值代表环境安全指数的影响系数。在道路交通条件一定的情况下，机动车数量越多，居民遭受交通威胁的可能性越大，因此，本文用不同等级道路的通行能力与人均拥有机动车数量的乘积表示居民遭受交通事故侵害的可能性，其中道路等级按照主、次、支三级分别取系数 1、0.5 和 0.25；用医疗单位床位数反映健康安全指数测度。结果表明，2003 年环境安全度最高，2009 年值最低，说明随着城市空间扩展，城市居民受到环境安全事故威胁的程度在增加。交通安全度整体水平显著上升，但交通安全最大威胁程度逐年激增，说明某些空间的不安全因素在显著增加（图 7-10）。2014 年健康安全度最低，2009 年值最高，说明随着城市骨架的拉大，研究末期的城市健康保障程度已经严重缺失。

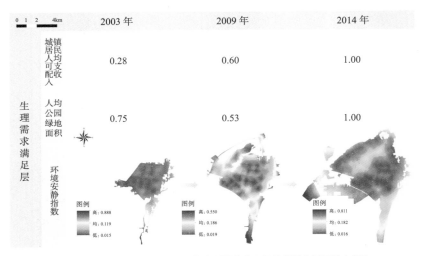

图 7-9　2003—2014 年间固原市生理需求满足层绩效评价因子信息提取

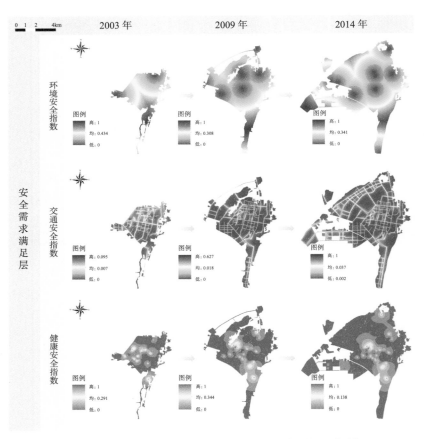

图 7-10　2003—2014 年间固原市安全需求满足层绩效评价因子信息提取

3. 社交需求满足层

结果显示，研究期内固原公民一般出行和公交出行的便捷程度受城市空间扩展的影响而有所降低，说明道路和公共交通的增加落后于城市空间扩展幅度，其中扩展区域的交通便利程度低于老城区。随着城市空间的扩展，公共空间享有度有所提升，2009—2014 年间的平均水平保持稳定，但最大享有水平显著升高，空间分布上表现出片区发展越成熟，公共空间享有度越高的特点（图 7-11）。

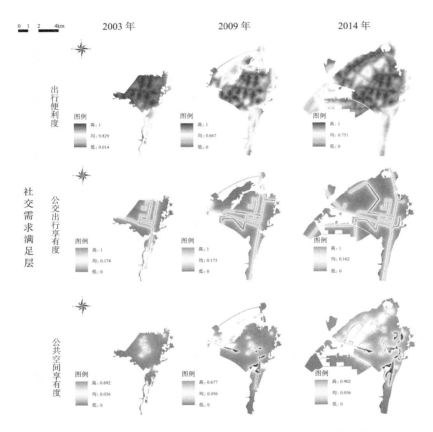

图 7-11   2003—2014 年间固原市社交需求满足层绩效评价因子信息提取

4. 尊重需求满足层

该层指标重在衡量社会公平性。结果表明：固原城市居住空间分异持续加剧，分异度较高的区域主要集中在城市边缘区。社会空间分异度在前一期内显著提升，后一期显著降低，说明前一期的城市居民对社会资源的享有便利度较高，而后一期随着城市空间规模的增大，城市居民对社会资源享有的均等程度差距在加大，且整体呈现最低水平，老城区的社会资源分异度并未因城市空间扩展而有所改善；环境分异的趋势增大，其中2009 年分异度最高，在空间上表现出圈层式分布的规律，发展成熟区域的环境分异度低于新拓展区域，老城区表现出集中连片降低的趋势（图 7-12）。

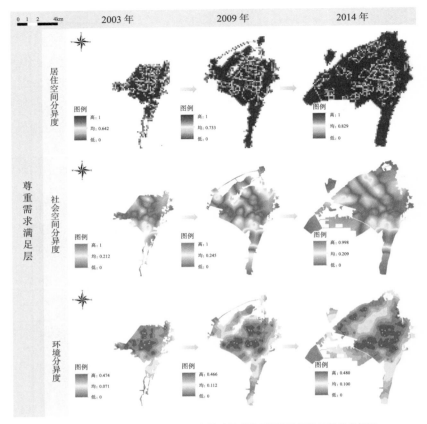

图 7-12 2003—2014 年间固原市尊重需求满足层绩效评价因子信息提取

5. 自我实现满足层

研究期内，固原城市认知度有所波动，在 2009 年时最高，在 2014 年最低，但认知度的最高水平在 2014 年得到提升。认知度较高的区域为老城区，发展较成熟区域的城市认知度高于新扩展区域。生活提升度指数持续下降，2003—2009 年的降幅显著高于 2009—2014 年，老城区的生活提升度指数始终高于新扩展区域（图 7-13）。

6. 社会服务水平层

该层用来表征社会主体因子的外在价值，即社会资源为城市居民提供服务的能力，通过人口密度、人均 GDP、万人高校在校生比重和二三产业相对劳动生产率综合反映。建设用地人口密度和人口增长率均能反映城市空间的吸引力和集聚人口的程度，人口密度更兼具有空间绩效的属性。就业结构与产业结构的合理协调关系可以获得劳动力资源的最佳分配，发挥较高的社会效益。相对劳动生产率计算方式为：相对劳动生产率=GDP 的产业构成百分比 / 就业的产业构成百分比。数值越大，表明该产业劳动生产率越高，劳动力就会流向劳动生产率高的部门。研究用人均 GDP 反映生活状况。

由于统计数据无空间属性，因此需要对其进行空间均等化加载实现空间表达。结果表明，固原市人口密度先升后降，研究期末降至最低；人均 GDP 水平和万人高校在

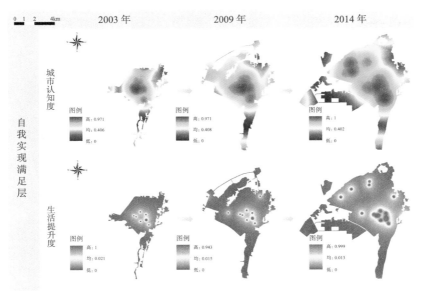

图7-13　2003—2014年间固原市自我实现满足层绩效评价因子信息提取

校生比重显著提升；二、三产业相对劳动生产率总体呈下降趋势，表明劳动效率在降低（表7-6）。

2003—2014年间固原市社会服务水平层绩效评价因子信息提取　　表7-6

	指标	2003年	2009年	2014年
社会服务水平层	人口密度	0.87	1.00	0.67
	人均GDP	0.12	0.37	1.00
	每万人高校在校生比重	0.37	1.00	0.98
	二、三产业相对劳动生产率	1.00	0.94	0.94

7.2.3　经济因子

经济主体因子评价城市经济总体发展水平和经济运行能力，用经济产出效力、经济增长效力和经济增长潜力开发效力来反映。

1. 经济产出效力层

研究用GDP表示当年城市产出量，用地均产出反映城市产值密度和经济集中程度。结果表明，2003—2014年，固原市地均产出率在不断提高，交通集聚能力出现反复，以2003年为最高，2009年为最低，空间上表现出城市发展成熟度较高的区域交通聚集能力较优。地块集聚水平与上一指标变化过程相同，老城区的集聚能力在缓慢提升中，城市边缘区的集聚能力高于中间过渡地带。2009年空间紧凑度最高，2014年降至最低，说明随着空间规模的增大，城市整体紧凑度降低（图7-14）。

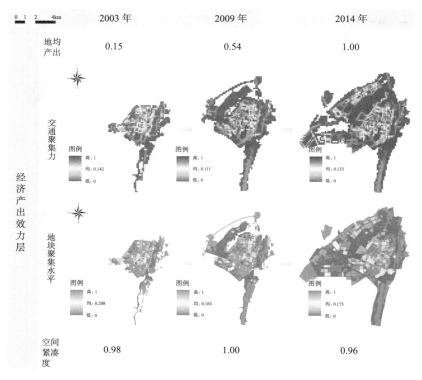

图 7-14　2003—2014 年间固原市经济产出效力层绩效评价因子信息提取

2. 经济增长效力层

城市空间引领力指数显著降低，前一期的空间引领力仅达到研究初期的 1/5 水平，后一期仅达到初期的 1/3.6 水平，表明固原市新增用地的经济效益较低，严重拉低了城市经济的增长效率，原有土地利用的效能也未得到有效释放，城市用地存在一定程度的浪费。空间集聚提升力略有提高，说明研究期内地块的容积率在不断地提高过程中。空间流动能力增长幅度最大，11 年间增长了 5 倍（图 7-15）。

3. 经济增长潜力开发层

研究期间地均固定资产投资成倍增长，表明单位面积的资金投入量加大的幅度明显。空间增长潜力指数有所波动，以 2014 年值最高，2009 年值最低，表明随着后一期城市空间的扩展，城市空间增长的可挖掘潜力增大，尤其老城区的空间增长潜力得到了一定的挖掘和提高，城市边缘尚有一定的挖潜空间（图 7-16）。

4. 经济增长稳定层

研究用二、三产业产值占 GDP 的比重来体现城市经济实力，用产业结构相似度衡量城市受区域经济的影响程度，两个指数的计算结果均在高 - 低 - 高的波动中总体降低，表明固原市的总体经济不够发达，灵活性较低，且受到区域经济辐射带动的影响较低（表 7-7）。

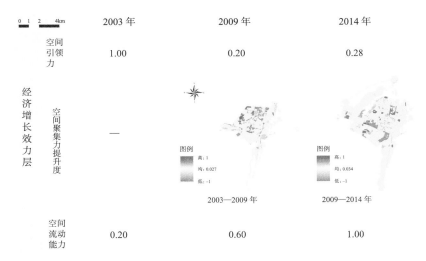

图 7-15 2003—2014 年间固原市经济增长效力层绩效评价因子信息提取

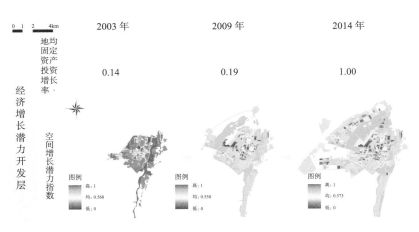

图 7-16 2003—2014 年间固原市经济增长潜力开发层绩效评价因子信息提取

2003—2014 年间固原市经济增长稳定层绩效评价因子信息提取 表 7-7

	指标	2003 年	2009 年	2014 年
增长稳定层	二、三产业产值占 GDP 比重	1.00	0.93	0.98
	产业结构相似度	1.00	0.80	0.87

5. 经济服务层

研究用公共财政预算内支出占 GDP 比重、单位 GDP 能耗、城市人口与用地弹性指数、固定资产投资占 GDP 比重表示经济主体的环境治理投资。结果表明，固原城市用地存在较大浪费，除 2009 年外，城市空间扩展弹性系数严重超出合理值；固定资产投资占 GDP 比重和公共财政预算内支出占 GDP 比重整体水平升高，其中固定资产投资占 GDP 比重在前一期增长缓慢，在后一期增长显著，表明城市资金投资在后一期力度加大；公共财政预算内支出占 GDP 比重在前一期的增幅大于后一期，说明城市社会发展的支持力度在前一期较大；单位 GDP 能耗大幅度下降，表明经济发展对环境的影响降低（表 7-8）。

2003—2014 年间固原市经济服务层绩效评价因子信息提取　　　表 7-8

指标		2003 年	2009 年	2014 年
经济服务层	城市人口与用地弹性指数	0.32	0.06	1.00
	固定资产投资占 GDP 比重	0.24	0.26	1.00
	公共财政预算内支出占 GDP 比重	0.49	0.82	1.00
	单位 GDP 能耗	1.00	0.42	0.27

7.2.4　因子变化特征分析

研究以 2003 年为基准年，以指标所在层的价值准则为正向指向，对以上指标的扩展强度特征进行综合分析如下：

（1）研究期内，生态主体价值评价在后一期由负向转为正向和由正向转为负向的指标规模相当，其中干扰度和景观分离度越小说明生态变化趋利，因此总体来看，生态主体价值评价指标的变化不利于生态准则的实现，尤其生态过程连续层的绩效水平最低，表明生态景观受到城市空间扩展的干扰较大，城市生态景观格局的健康水平有所下降（图 7-17）。

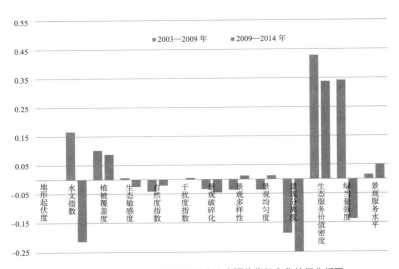

图 7-17　2003—2014 年间固原市生态评价指标变化特征分析图

（2）研究期内，社会主体价值指标出现负值的有 12 项，占评价指标总数的 66.7%，其中自我实现需求满足层绩效最低，尊重需求满足层绩效次之，其余评价层的指标值普遍存在较大波动性，说明城市空间扩展对社会绩效的负向影响较大，不利于社会价值的实现（图 7-18）。

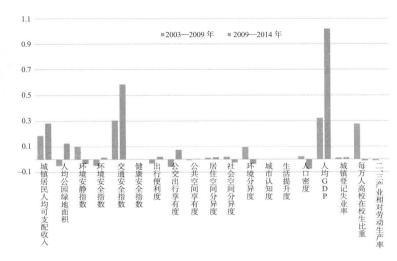

图 7-18　2003—2014 年间固原市社会评价指标变化特征分析图

（3）研究期内，经济主体价值指标出现负值的有 9 项，占评价指标总数的 60.0%，主要集中在经济指标的空间绩效不佳，多以 2003—2009 年呈负增长过程，2009—2014 年间有所改善，表明经济主体价值绩效总体上呈提升和优化的趋势（图 7-19）。

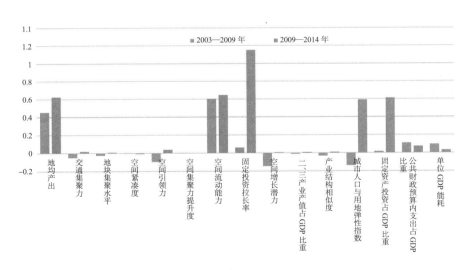

图 7-19　2003—2014 年间固原市经济评价指标变化特征分析图

7.3　固原市空间扩展绩效评价

对照权重表对各项指标进行栅格数据的加权与叠加运算后，得到对应评价层次及各主体视角下的绩效评价结果。为了便于描述，根据固原市城市形态特征与扩展顺序，将固原

市划分为四个主要的城市区域，A 区为 2003 年建成
区的主要构成部分，B 区为 2003—2009 年的扩展区，
C 和 D 区为 2009—2014 年的扩展区，另外，清水河
以东仍有少量扩展区（图 7-20）。

7.3.1 生态绩效评价

1. 生态系统各层级绩效分析与评价

（1）生态个体环境适应性绩效分析与评价

研究期内，固原市生态个体环境适应性绩效
水平显著降低。绩效水平从 2003 年的 0.164 降至
2014 年的 0.133，分别降低了 4.9% 和 14.0%（以
2003 年的绩效水平为准，下文同）。在前一时段
内，老城区的生态个体环境适应性绩效水平降低了

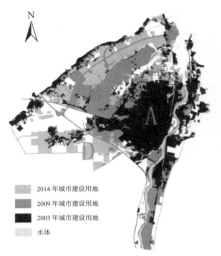

图 7-20　固原市空间扩展绩效评价分区示意图

9.1%，且空间分布均匀，西部形成一个低值的带状区域，扩展区域的绩效水平超过原城
区 9.9%，原城区绩效累积不足是造成 2009 年绩效值低于研究基年的主要原因；在后一
时段内，原城区的绩效水平降低了 7.5%，扩展区绩效整体低于 2014 年城市绩效的平均
水平，C、D 扩展区的绩效水平分别较 2003 年绩效水平低了 9.3% 和 30.2%，绩效原始
累积不足和新区的快速扩展共同造成了城市整体绩效水平的持续降低。从空间分异来看，
B 区绩效始终高于对应研究期内的整体水平，清水河水域和古雁岭是生态个体环境适应
性高绩效水平的主要分布区域（图 7-21）。

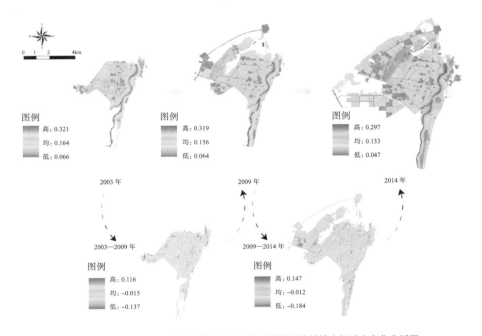

图 7-21　2003—2014 年间固原市生态个体环境适应性绩效空间动态变化分析图

（2）生态群落结构稳定性绩效分析与评价

研究期内，固原市生态群落结构稳定性绩效水平经历了一定的波动后总体降低，绩效水平至 2009 年、2014 年分别降低了 4.2% 和 3.0%。在前一时段内，老城区的生态群落结构稳定性绩效水平平均下降了 13.9%，扩展区绩效水平优于原城区水平和城市整体平均水平，原城区累积不够是降低城市整体水平的直接原因。在空间分布上，2003 年，城市东西各形成一条高绩效分布带，并汇聚于城市南部形成高能组团，2009 年时两条绩效带和高能组团的绩效水平均降低，在扩展区（古雁岭区域）形成新的高能组团。2014 年绩效水平优于 2009 年绩效水平，其中，原城区的绩效水平提升了 1.1%，D 区绩效优于城市平均水平，其余扩展区绩效水平较低。西南组团和古雁岭区域是固原市生态群落结构稳定性高绩效的主要分布区（图 7-22）。

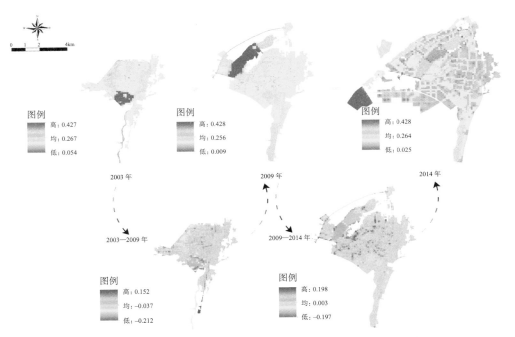

图 7-22　2003—2014 年间固原市生态群落结构稳定性绩效空间动态变化分析图

（3）生态过程连续性绩效分析与评价

生态过程连续性绩效有所波动，说明研究期内，城市空间扩展对城市景观格局和结构的连续性造成了扰动。其中，2009 年绩效水平较 2003 年降低了 5.6%；2009—2014 年，绩效水平有所提升，但较研究初期仍降低了 3.2%（表 7-9）。

2003—2014 年间固原市生态过程连续性绩效值　　　　　　　表 7-9

生态过程连续性绩效值	2003 年	2009 年	2014 年
	0.125	0.118	0.121

（4）生态系统服务绩效分析与评价

研究期内，生态系统服务绩效有大幅度提升，绩效水平从 2003 年的 0.021 发展至 2014 年的 0.084，分别提高了 2.24 倍和 76.2%。在前一扩展期内，2009 年原城区生态系统服务绩效较 2003 年提高了 2.25 倍，扩展区水平达到城市平均水平。后一扩展区内，原城区绩效水平提高了 76.2%，C 区扩展水平较 2003 年城市平均水平低 0.4%，D 区水平较 2003 年水平高 5.9%，因此，原城区绩效水平的提高是城市生态系统服务绩效提高的主要原因；在空间分布上，古雁岭区域和清水河水域的贡献值最高（图 7-23）。

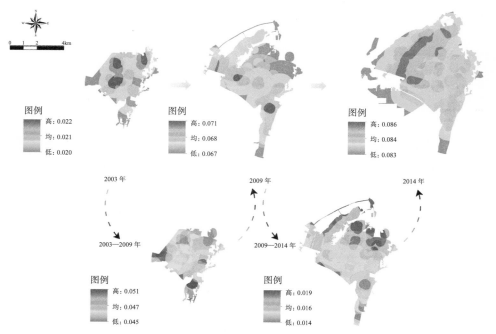

图 7-23　2003—2014 年间固原市生态系统服务绩效空间动态变化分析图

2. 生态系统绩效水平分析

综上研究，固原市生态系统绩效水平呈上升过程，其中 2003—2009 年间增幅较大，增长了 72.1%；2009—2014 年小幅提升，至 2014 年绩效水平达到 0.378，较 2003 年提升了 29.3%。清水河流域、古雁岭区域等大面积连续生态用地是城市生态系统绩效高值分布区（图 7-24）。

从空间演变过程来看，前一期内原城区的城市绩效提高了 71.8%，扩展区绩效水平达到城市平均水平，并表现出北低南高的特点；后一期内原城区绩效较 2003 年提高了 29.8%，扩展区绩效均低于 2014 年的城市平均水平，原城区的绩效水平提升对城市绩效水平贡献突出，表现出内部优于外部的特点。

3. 城市空间扩展的生态系统绩效评价

从发展过程来看，前一期具有生态价值的用地规模在研究范围内显著增长，促使固

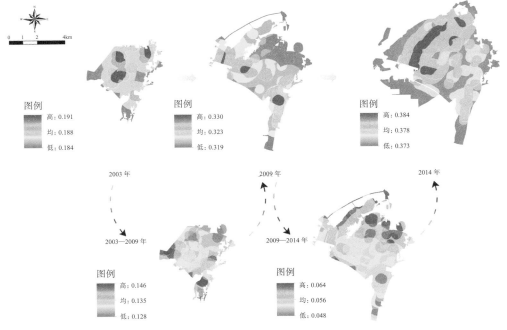

图 7-24　2003—2014 年间固原市生态系统绩效空间动态变化分析图

原城市生态系统绩效在前一期的增长幅度大于后一期；后一期内，随着城市空间扩展加速，城市建设用地增幅明显，生态绿地规模增速小于前一期，使得最后一期的生态系统绩效增幅较小。

从系统内部指标的变化特点来看，除生态系统的服务绩效水平显著提升以外，其余指标均呈降低过程。城市生态系统的服务绩效水平对城市生态系统的绩效水平提升的贡献突出，说明城市空间扩展对城市生态系统产生了扰动，同时，城市大规模增加生态绿地能够有效地提供对外生态服务价值，维护生态效益。

7.3.2　社会绩效评价

1. 社会系统各层级绩效分析与评价

（1）生理需求满足绩效分析与评价

研究期内，固原市生理需求满足绩效水平持续升高，绩效水平从 2003 年的 0.011 提升至 2014 年的 0.021，分别提高了 13.3% 和 60.2%。在前一时段内，高绩效空间分布在清水河以东和 B 区，原城区的生理需求满足绩效水平并提高了 9.1%，新扩展区水平高于 2009 年绩效水平 28.6%；在后一时段内，原城区的绩效水平提高了 63.6%，新扩展区绩效水平高于 2014 年的平均水平，分别为 2009 年城市绩效水平的 1.47 倍和 1.75 倍（图 7-25）。

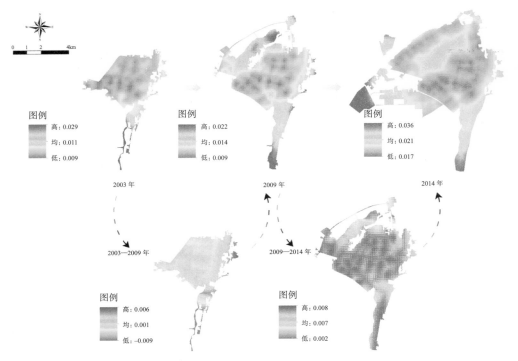

图 7-25 2003—2014 年间固原市社会生理需求满足绩效空间动态变化分析图

（2）安全需求满足绩效分析与评价

与上一绩效指标变化相反，城市安全需求满足绩效显著降低，总体绩效水平从 2003 年的 0.070 降至 2014 年的 0.029，11 年间共降低了 58.6%，其中 2003 至 2009 年间降低了 2.9%，后期降幅最大。前一阶段，原城区的绩效水平最高值得到提升，平均水平降低了 21.4%，扩展区绩效高于城市平均水平 22.1%，绩效水平较低的区域主要分布在北部和城市中心区，城市外围绩效水平高于城市内部；后一阶段，原城区绩效水平降低了 61.2%，城市扩展区（C 和 D 区）的绩效水平分别高出 2009 年平均水平 4.0% 和 51.2%，清水河以东扩展区的绩效水平低于城市平均水平 22.0%。在空间分布方面，城市安全需求满足绩效呈中心低、周围高，内部低、外部高的分布特点（图 7-26）。

（3）社交需求满足绩效分析与评价

研究期内，固原市社交需求满足绩效水平总体呈提升态势，其中 2009 年绩效值最高，2003 年绩效值最低。2003 至 2009 年间提升了 19.0%，11 年间共提升了 3.8%，道路是高效空间的主要集中区域，空间上呈现出"内部高，外部低，原城区高，扩展区低"的分布特征。前一阶段，老城区的绩效水平提升了 19.2%；后一阶段，原城区绩效水平提高了 7.7%，C、D 区域的绩效水平均分别低于 2014 年平均水平 20.4% 和 32.6%，清水河以东的新扩展区域绩效水平最低（图 7-27）。

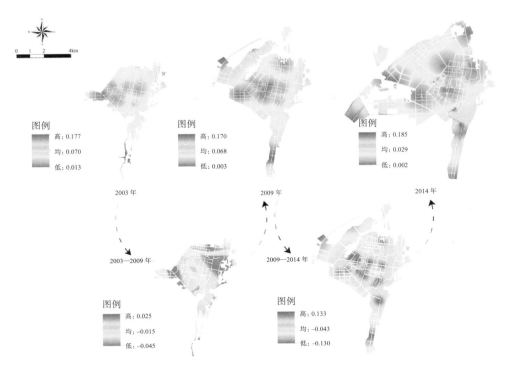

图 7-26　2003—2014 年间固原市社会安全需求满足绩效空间动态变化分析图

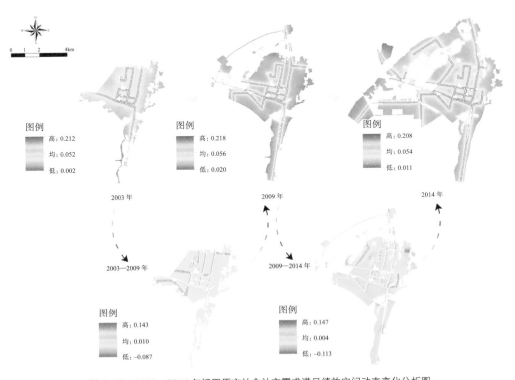

图 7-27　2003—2014 年间固原市社会社交需求满足绩效空间动态变化分析图

（4）社会尊重需求满足绩效分析与评价

研究期内，固原市社会尊重需求满足绩效水平总体呈提升过程，11 年间共提高了 11.3%，其中 2003 至 2009 年间提高了 16.1%。前一阶段，老城区的绩效水平较 2003 年提高了 1.2 倍，扩展区绩效水平高出 2003 年平均水平 5.6%，城市南部形成一个高绩效分布区域；后一阶段，原城区绩效较 2003 年降低了 3.2%，扩展区绩效水平较 2014 年平均水平分别低了 2.4% 和 5.9%（图 7-28）。

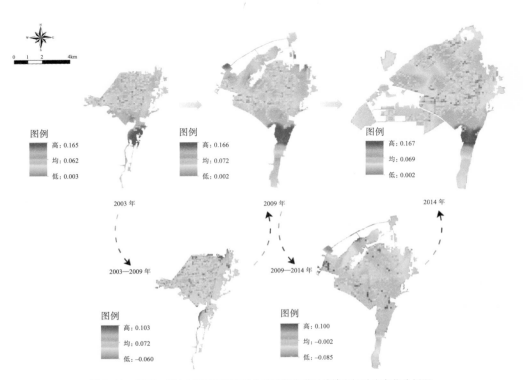

图 7-28　2003—2014 年间固原市社会尊重需求满足绩效空间动态变化分析图

（5）社会自我实现满足绩效分析与评价

2003—2014 年，固原社会自我实现满足绩效水平降低了 1.4%，其中 2003 至 2009 年间相对稳定。在空间分布上，老城区是主要的低绩效组团，2014 年在西北扩展区形成了另一低绩效组团，总体上呈现出"内低外高，西北 - 西南对角线分布带绩效低"的空间特征。在前一扩展期，原城区绩效水平降低了 12.9%，扩展区绩效高出 2009 年平均水平 15%；在后一扩展期内，原城区绩效降低了 21.4%，扩展区绩效均高于 2014 年绩效的平均水平，其中 D 区绩效水平最高，超过城市平均水平的 68.1%。原城区绩效水平的累积不足是降低城市自我实现满足绩效的主要原因（图 7-29）。

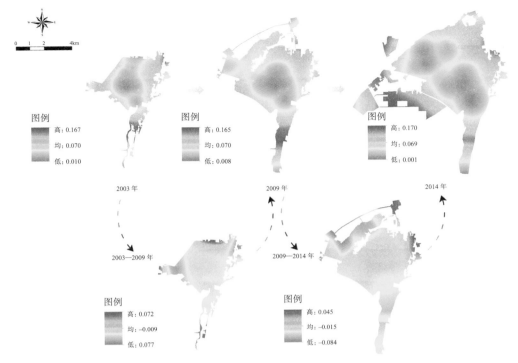

图 7-29　2003—2014 年间固原市社会自我实现满足绩效空间动态变化分析图

（6）社会服务水平绩效分析

研究期内社会服务水平绩效呈上升趋势，绩效水平从 2003 年的 0.039 上升到了 2014 年的 0.054，分别提高了 28.2% 和 10.3%（表 7-10）。

2003—2014 年间固原市社会服务水平绩效值　　　表 7-10

	2003 年	2009 年	2014 年
社会服务水平绩效值	0.039	0.050	0.054

2. 社会系统绩效水平分析

综上研究，固原市社会系统绩效有小幅上升，11 年间绩效水平共升高了 0.3%，其中 2003 年绩效最低，2009 年绩效最高。前一期内，原城区的绩效水平降低了 9.6%，扩展区高出 2009 年平均水平约 16.1%；后一期内，原城区绩效水平降低了 18.5%，C、D 扩展区的绩效分别较城市平均水平高出 2.9% 和 58.7%。随着城市规模的不断扩展，原城区绩效水平的累积不足的问题日益突出（图 7-30）。在空间变化上，城市东北部、东南部城市带状区域始终是低绩效空间；随着后期的扩展，城市西南组团形成新的低绩效空间；随着西北组团的发展成熟，城市又形成一新的高绩效中心。总之，固原市社会绩效呈现出圈层式向外递减和由单中心向双中心分化的空间特征。

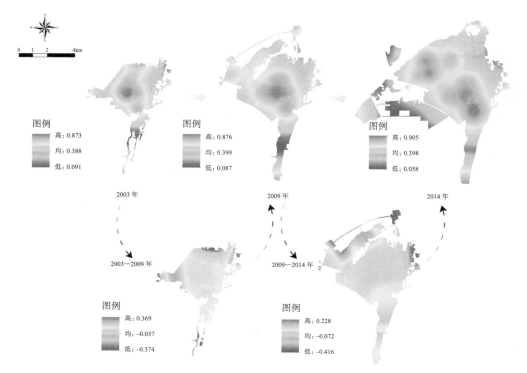

图7-30 2003—2014年间固原市社会系统绩效空间动态变化分析图

3. 城市空间扩展的社会绩效评价

从发展过程来看，研究期内，固原市城市空间扩展的社会绩效基本稳定，内部指标之间变化不一，原城区历史累积不足导致城市社会绩效的提升滞后。

（1）11年间，固原市城市空间扩展的社会绩效水平提升了0.3%，提升缓慢。

（2）从各评价子层的动态变化特征来看（表7-11），系统内各层绩效值变化差异明显，安全需求和自我实现满足绩效均呈降低的结果，其余指标层绩效值升高，对城市社会绩效水平的提升贡献较大。城市社会绩效均值基本与原城区保持相同的变化趋势，原城区的历史累积直接影响城市社会绩效水平的发展，而扩展区社会绩效水平极优时才会对城市绩效评价水平产生决定性的拉动作用。

2003—2014年间固原市社会绩效评价子层动态变化过程分析　　　表7-11

社会绩效评价子层	均值	原城区		扩展区	
	研究期内	前期	后期	前期	后期
生理需求满足绩效	↑	↑	↑	↑	↑
安全需求满足绩效	↓	↓	↓	↑	↑
社交需求满足绩效	↑	↑	↑	↓	↓
尊重需求满足绩效	↑	↑	↓	↑	↓

社会绩效评价子层	均值	原城区		扩展区	
	研究期内	前期	后期	前期	后期
自我实现满足绩效	↓	↓	↓	↑	↑
社会服务水平绩效	↑	—	—	—	—
社会系统绩效	↑	↓	↓	↑	↑

注：↑表示绩效水平提升；↓表示绩效水平降低。

（3）城市快速扩张之下，固原市原城区社会系统绩效的历史累积严重不足，新扩展区域的绩效提升程度很难完全弥补原城区社会绩效不足的问题，导致固原社会绩效提升缓慢。

7.3.3　经济绩效评价

1. 经济系统各层级绩效分析与评价

（1）经济产出效力绩效分析与评价

快速的空间扩展在一定程度上拉动了固原地方经济的产出效力，11年间产出效力绩效水平提高了1.23倍，前期共提高了47.6%，后期增幅加大。前一期内，固原原城区的绩效水平提高了71.4%，扩展区绩效水平低于2009年平均水平的27.7%；后一期内，原城区的绩效水平再次得到了82.1%的提升，C区绩效水平较原城区水平高出50.8%，D区绩效水平较原城区水平高出64.5%。清水河以东的新扩展部分绩效最低，仅仅达到2014年城市平均水平的75.9%（图7-31）。在空间分布上，老城区的高绩效组团优势日益形成，西北新区的高效性也初具规模。

（2）经济增长效力绩效分析与评价

研究期内，固原市经济增长效力绩效显著降低，绩效水平从2003年的0.158降低到了2014年的0.097，11年间共降低了38.6%，其中前期降低了56.9%，后期较2009年提升了42.6%。前期原城区绩效值提升了50.0%，扩展区绩效水平较城市平均水平低了18.4%；后期，原城区绩效水平继续保持增长，共提升了17.1%，C区绩效较2014年平均水平低了2.3%，D区绩效较2014年均值高出14.4%，清水河以东扩展区最低，仅达到城市平均水平的74.2%。在空间分布上，老城区绩效有进一步提高的趋势，新扩展区绩效在后一期得到发挥，西北、西南和老城区三个高绩效空间成组团分布的特性正在增强（图7-32）。

（3）经济增长潜力开发绩效分析与评价

经济增长潜力开发绩效反映了空间开发的潜力程度，绩效值越小，可开发的潜力越大。研究期内，经济增长潜力在前期保持稳定，后期得到了45.1%的显著提升，说明随着后期城市空间的扩展，固原市经济增长的潜力空间增多。前期，原城区绩效水平提升了4.4%，扩展区绩效低于2009年平均水平5.6%；后期，原城区绩效继续提升了43.5%，

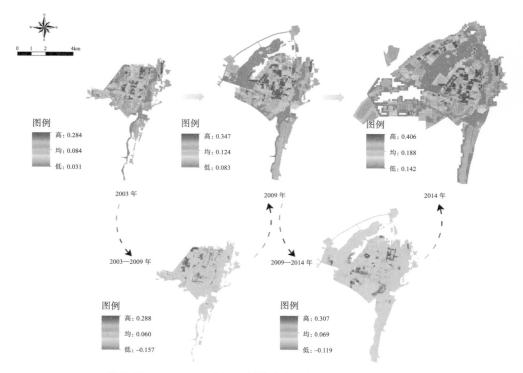

图 7-31　2003—2014 年间固原市经济产出效力空间动态变化分析图

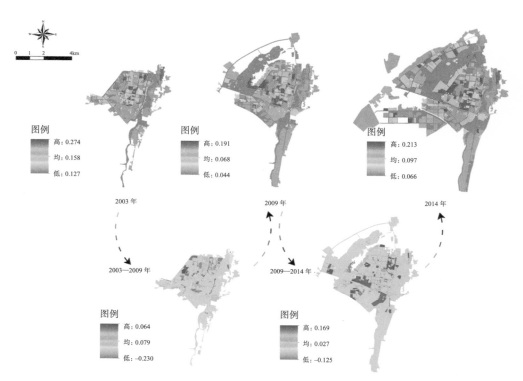

图 7-32　2003—2014 年间固原市经济增长效力空间动态变化分析图

而扩展区的绩效表现不一，其中 C 区较 2014 年平均水平低了 0.3%，D 区和清水河以东的扩展区则高出平均水平 6.6%，老城区绩效的显著提升是拉高城市经济增长潜力绩效的主要原因。在空间分布上，老城区是主要的高绩效空间，西北、西南的新扩展区初步形成高绩效片区（图 7-33）。

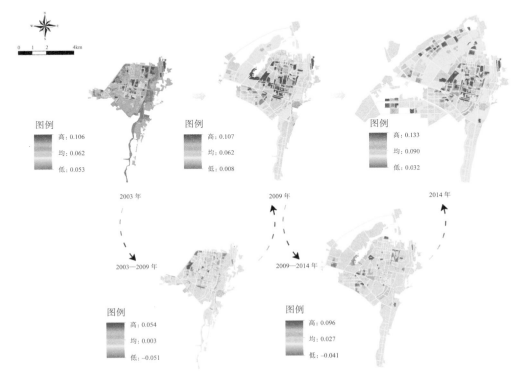

图 7-33　2003—2014 年间固原市经济增长潜力开发绩效空间动态变化分析图

（4）经济增长稳定性绩效分析

2003—2014 年，固原市经济增长的稳定性绩效先降后升，总体降低。前一阶段，绩效水平降低了 14.6%，后一阶段较 2009 年提升了 9.8%（表 7-12）。

2003—2014 年间固原市经济增长稳定性绩效值　　　　　　　　　　表 7-12

	2003 年	2009 年	2014 年
经济增长稳定性绩效值	0.041	0.035	0.037

（5）经济服务绩效分析

快速扩展的城市空间使得城市经济对外服务水平波动显著，前一阶段降低了 82.7%，后一阶段提升了 56.4%（表 7-13）。

2003—2014 年间固原市经济服务绩效值 　　表 7-13

经济服务绩效值	2003 年	2009 年	2014 年
	0.055	0.012	0.086

2. 经济系统绩效水平分析

综上研究，固原市经济系统绩效经历了先降后升的波动，11 年间绩效水平共升高了 44.6%，其中 2003—2009 年降低了 33.1%，2009—2014 年提升了 46.4%。前一期内，原城区绩效水平降低了 30.7%，扩展区绩效水平较 2009 年均值低了 4.3%；后一期内，原城区的绩效水平提高了 45.5%，C、D 扩展区绩效分别低于 2014 年平均水平 4.3% 和 0.4%（图 7-34）。在空间分布上，城市自然本底对经济绩效的空间分布具有指向性作用，即清水河以东区域和古雁岭始终代表了城市经济绩效的低值空间，同时对城市形成三个独立经济中心的发展结构发挥了空间阻隔作用。2003 年城市东侧沿清水河水域形成显著的低绩效带，西侧靠近古雁岭区域形成低绩效带，中心城区的高绩效空间并不显著；至 2009 年，中心城区的绩效水平不断得到提升和扩大，并向北、向西辐射扩展，但由于外围区域绩效水平过低，使得城市整体绩效水平欠佳；至 2014 年，中心城区的高绩效空间进一步扩大，随着城市发展，西北新区和西南新区经济绩效也得到提升，共同承担了拉动城市经济的重任，促进了城市经济绩效的巨幅抬升。

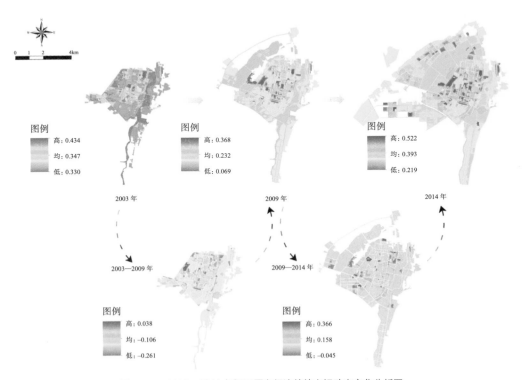

图 7-34　2003—2014 年间固原市经济绩效空间动态变化分析图

3. 城市空间扩展的经济绩效评价

研究期内，固原市空间扩展的经济绩效波动较大，前期绩效水平降低了 33.1%，后期得到 46.4% 的大幅提升，11 年间共提升了 44.6%。从各评价子层的动态变化特征来看（表 7-14），系统内各层绩效值变化趋势不一，经济产出效力绩效、经济增长潜力绩效和经济服务绩效均得到提升，原城区的绩效提升是主导因素；其余指标层绩效值降低，与扩展区域绩效水平较低直接相关。城市空间的快速扩展在导致城市经济增长绩效、经济增长稳定绩效水平不断降低的同时，提高了城市经济产出效力，也使得城市空间的经济增长潜力绩效得到一定程度的开发，且扩展强度越大，城市空间的经济产出效力越大，原城区的增长潜力越能有效发挥。

2003—2014 年间固原市经济绩效评价子层动态变化过程分析　　表 7-14

经济绩效评价子层	均值	原城区		扩展区	
	研究期内	前期	后期	前期	后期
经济产出效力绩效	↑	↑	↑	↑	↑
经济增长效力绩效	↓	↑	↑	↓	↓
经济增长潜力开发绩效	↑	↑	↑	↓	↓
经济增长稳定绩效	↓	—	—	—	—
经济服务绩效	↑	—	—	—	—
经济系统绩效	↑	↓	↑	↓	↓

注：↑ 表示绩效水平"提升"或者"优于"；↓ 表示绩效水平"降低"或者"劣于"。

总之，研究期内城市经济绩效水平在波动中得到提升，城市的快速扩展容易引起城市经济绩效的波动，也促进了城市经济空间结构的调整，扩展强度过大会造成城市经济绩效水平的下滑。

7.3.4　绩效综合评价

通过对 2003—2014 年固原市空间扩展的生态、社会、经济系统绩效的综合研究，发现固原市空间扩展绩效具有如下特点：

首先，从各系统绩效水平的变化特点来看，变化幅度和速度最大的是经济系统，其次是生态系统，社会系统的变化相对稳定；从动态变化过程来看，城市空间绩效表现出经济系统绩效先减后增、社会系统先增后减、生态系统持续增长的不同变化过程。

其次，从各系统的空间结构特征来看，固原市生态格局奠定了城市的生态绩效空间结构，高效的生态空间集中于生态基底良好的区域；社会绩效空间结构的圈层式特征突出，高绩效中心从带状演变为面状，从单中心演变为双中心结构；经济绩效空间表现为面状组团集聚的特点，空间结构由单中心逐渐演变为多中心，但经济中心的关联性有待进一步优化提升。

最后，城市各系统内的各层级绩效指标对总体绩效的影响不同，系统评价过程中绩效水平的提升和下降水平不一，各层级发展水准参差不齐，其中生态系统对外服务水平的显著提升对抬高生态绩效水平的作用突出；社会生理需求满足、社交需求满足和社会对外服务水平的提高有效地引领了社会空间绩效水平的提升；而经济产出效力、增长潜力和经济服务水平有效地拉动了经济绩效水平。

7.4　固原市空间扩展绩效的空间结构特征

7.4.1　基于生态价值绩效评价的城市空间结构特征

受自然本底和城市空间格局的影响，尤其是古雁岭区域纳入中心城区发展框架以来，固原市生态价值绩效得以提升，主要对应于生态系统对外服务价值的提升，并在空间上表现出"一心两带"的主体结构。因此，完整地保护和利用山、水等生态敏感性资源，并将这些自然要素纳入城市生态空间结构中，增加生态用地面积并在空间上有序分布，有利于生态绩效水平的提升。同时，固原市属于大陆性气候，通过生态绿轴的发展，有利于将气流引入城市中心地区，保证了城市的通风环境需求，是一种有益的城市生态格局（图 7-35、图 7-36）。

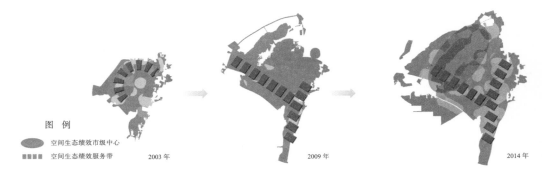

图 例

⬮ 空间生态绩效市级中心
▪▪▪▪ 空间生态绩效服务带　2003 年　　　　　　　　　2009 年　　　　　　　　2014 年

图 7-35　固原市生态绩效空间格局变化示意图

 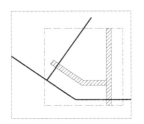 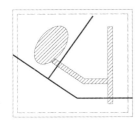

图 7-36　固原市生态空间结构演化示意图

7.4.2 基于社会绩效评价的城市空间结构特征

从城市社会绩效的空间分布可以看出，固原城市社会空间结构的调整显著，表现为从研究初期的带状集中分化为研究期末的面状双中心结构，城市社会中心具有集中连片、圈层辐射递减的特征；城市发展成熟度较高的两个组团成为城市主要的社会中心，老城区始终是高社会绩效中心，其圈层辐射半径最大（图7-37）。

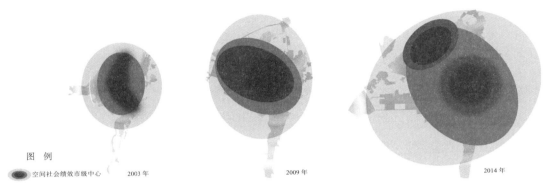

<table>
<tr><td>图 例</td><td></td><td></td><td></td></tr>
<tr><td>● 空间社会绩效市级中心</td><td>2003 年</td><td>2009 年</td><td>2014 年</td></tr>
</table>

图 7-37　固原市社会绩效空间格局变化示意图

从演变过程来看，研究初期，固原市社会中心呈带状集聚，并随着城市空间的扩展辐射扩散，在研究中期形成了显著的社会中心，并以此中心向外圈层式辐射，辐射轴线由南北向转变为西北 - 东南向，研究期末在西北新区组团分化出新的社会中心。因此，伴随着城市空间的快速扩展，固原市社会结构表现出集聚带的轴侧扩展和集聚中心的圈层式扩展并存、单中心向双中心分化的演变过程，最终在空间上形成了社会活动规模集聚的"双中心"结构（图7-38）。从社会中心的辐射范围来看，老城区是城市最高等级的社会中心，其辐射半径大于西北新区的辐射半径。

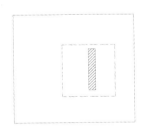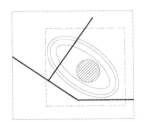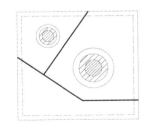

图 7-38　固原市社会空间结构分化示意图

城市社会结构的空间分异与城市布局结构关系紧密。城市服务设施的相对集聚和均等化配置是老城区和西北新区容易形成城市社会中心的主要因素（图7-39）。但是，伴随着城市空间的快速扩展，固原市社会服务设施分布的相对极化和固化导致城市社会服务价值难以有效实现。鉴于社会服务设施的"小集中大分散"格局更有利于提升城市社会服务价值，因此研究建议固原市以此空间格局作为提升城市社会绩效的努力发展方向。

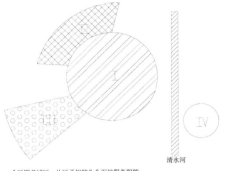

I 区即老城区，片区承担较为全面的服务职能；
II 区即西北新区，片区主要承担行政和教育职能；
III 区即西南新区，片区主要承担居住配套和商业商务服务职能；
IV 区即清水河以东城市建成区，片区主要承担居住配套和对外交通服务职能。

图 7-39　固原市社会空间结构抽象图

7.4.3　基于经济绩效评价的城市空间结构特征

伴随着固原城市空间的快速扩展，老城区的经济绩效中心得到强化，西北新区次级绩效中心逐渐形成，西南新区表现出次级绩效中心的发展潜力。城市经济绩效中心经历了"组团融合-圈层扩展-多心分化"的发展过程。现阶段，固原城市经济绩效中心呈组团式分布，但各中心之间缺乏有效联系，这与固原市组团式空间格局直接相关（图7-40）。

图 7-40　2003—2014 年间固原市经济绩效空间格局示意图

从固原市经济绩效的空间扩展和经济绩效中心的集聚与扩散过程来看，固原市的经济绩效结构经历了三个状态：一是研究初期，城市经济绩效中心的相对分散状态，即老城区经济中心尚未融合，在老城区中部和东北部呈小规模组团集聚的状态；二是研究中期，城市经济中心在二级环路内融合集聚的状态，即前期两个相对独立的组团向中心扩展融汇，在老城区集聚形成显著的城市经济中心，且辐射规模扩大，呈圈层扩展和填充发展并存的特点；三是研究后期，新区的经济空间得以培育成熟，并伴随组团的发展分化出新的经济中心，最终呈"三区三心"的空间结构（图7-41）。

从辐射范围来看，老城区经济中心的影响半径最大，西南新区经济中心的影响范围较为有限。比较三个经济中心的空间属性可以发现，老城区具有较高的交通网密度、用地强度和较好的用地职能分工。从经济中心之间的关联性来看，受制于城市的组团格局和经济中心培育的周期，三个中心之间还需要进一步培育经济增长轴带以实现城市整体

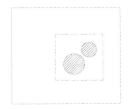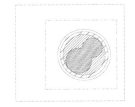

图7-41　固原市经济空间结构演化示意图

经济发展的联动性。

7.4.4　基于主体价值绩效评价的固原城市空间结构特征

伴随着城市空间的快速扩展，固原市空间结构不断演变，由城市三大系统的绩效结构可以归纳出固原市空间结构的特征如下：

（1）空间结构调整变化显著且趋于复杂

综合上述分析，城市各主体系统的绩效空间结构均经历了剧烈的调整，其结构形态、结构规模、结构演变过程在研究期内具有显著的阶段性和复杂化特点，蛙跳式增长过程和组团空间结构是各系统主体结构剧变的根本原因。

（2）社会结构和经济结构的高度相似性

基于不同研究主体的空间分布形式，不同系统的城市空间结构演变过程存在一定差异，但是城市社会结构的分化和经济中心的培育使得二者在研究期末表现出高度相似性的空间结构。主要表现在：

集中、连片的圈层式分布是城市社会结构和经济结构中心形态的基本特征；两大系统的结构中心在空间分布上高度重合，并在辐射影响半径上表现出高度相似性；两大系统均经历了由单中心向多中心分化、过程中呈圈层式辐射的特点。

（3）"两心三片区"的空间结构形态

从现阶段城市空间绩效的结构特征来看（图7-42），固原市现已形成了一个市级绩效中心，即老城区城市中心；形成了一个组团级绩效中心，即西北新区城市中部的组团中心，而位于西北新区南部的绩效中心有待进一步培育；城市西南组团的绩效中心仅在经济空间结构上表现出一定的培育潜力，其在社会结构中的发展趋势尚未显现。因此，老城区的城市中心职能有待进一步疏解，新扩展区域疏解老城区职能压力的作用还未充分发挥。同时，尽管现阶段城市生态结构能够提供较高的生态服务价值，但城市建成区内部的绿地斑块数量及规模还有待提升。

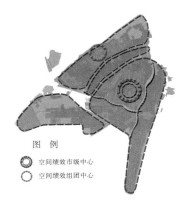

图　例
◎ 空间绩效市级中心
○ 空间绩效组团中心

图7-42　固原市绩效空间结构现状图

8 城市空间扩展绩效协调度、发展预警

8.1 城市空间扩展绩效协调度、发展预警方法

8.1.1 协调度分析方法

城市系统内部的问题可以通过系统发展态势预警和系统发展模式预警来实现。前者可以预警城市系统各层级内发展的趋势以及状态，后者可以预警系统内部各层级间发展模式的不协调。

城市是特定地域空间上各子系统之间相互联系、相互作用、相互制约之下的具有一定结构和功能的复合的系统。城市复合系统的运行状况不仅取决于各个子系统的发展水平，还受制于各子系统间的协调程度。

协调即是指在某个时刻复合系统的各个子系统的合理匹配和有机组合的状态，是系统之间或系统组成要素之间在发展演化过程中彼此和谐一致的状态，是对发展水平均衡性的衡量。于是，协调发展指的是各个子系统（或系统要素）在协调的状态之下，以复合系统的功能为目标，通过人类的社会实践活动，引导复合系统向更加有序、均衡、和谐和互补状态进化的优化动态过程。

本书在参考孟庆松、申金山、欧雄等人所构建的协调度模型的基础上，建立了适宜城市空间绩效评价的协调度量化模型。该模型可以实现度量复合系统绩效水平、衡量复合系统协调度以及衡量复合系统协调发展潜力度这三方面的内容。有关模型的具体内容可参见本套论丛图书《城市空间解读：主体价值与扩展绩效》。

8.1.2 基于城市空间扩展绩效的发展预警方法

发展预警是对过程的监督，主要关注城市运行中绩效的动态变化与相对动态变化；模式协调预警通过主体内、主体间的协调程度来衡量发展模式是否适用，是对现状的阶段性结果的检验和战略反思。本文根据不同的预警对象，分为发展预警和模式协调预警两种类型。不同类型的预警对城市空间扩展过程中不同时段、不同事件中所要关注的内容提供警示的作用，并体现不同的空间关系（表 8-1）。

（1）发展预警是对城市发展过程中动态变化的预警，重点是对"过程"的预警。主要通过各部分所处的相对位置，以及发展的趋势来判断，对于持续落后、即将落后等消极动态变化提出预警。发展预警主要以相对的程度来进行，因此主要以发生在同一层级

空间、同一特征尺度内的相对变化来体现。

（2）模式预警是通过发展的协调程度反映发展模式的适应性，是对阶段性成果的反思。上升与下降代表发展的方向，方向是否一致以及变化幅度是否一致是判断协调性的两个主要标准。发展的方向相反必然意味着协调性将更差，发展的方向相同但差异明显也是不协调的表现。协调度是对不同层级间发展的相对程度的衡量，是上、下层级间的比较。因此模式预警通过不同层级空间关系来反映，一般以相对高层级的发展状况为基准，与纵向空间内包含的各部分特征尺度内的发展情况进行比较而得到。

预警类型、内容及意义　　　　　　　　　　表 8-1

预警类型	预警内容	作用	意义	主要依据	前提条件/关键内容	空间层级尺度关系
发展预警	监督城市发展过程中各层级空间的动态变化，对相对落后以及具有下降趋势的部分提出预警	过程监督过程中的动态变化	及时掌握在发展过程之中的消极动态变化，对于处于整体落后状态的以及相对自身有下降的动态趋势的予以警示	发展趋势、相对位置（落后程度）	发展的相对状态分析	同一层级，不同特征尺度之间的关系
模式（协调型）预警	对城市各部分动态变化过程中的协调程度提供预警	阶段反思相互协调的程度	协调度影响绩效，通过协调程度的分析反思发展模式的适应性，以及绩效发挥的程度和潜力	发展的相对方向、发展的相对差异	协调程度差异分析	不同层级之间，具有嵌套关系的各指标之间的关系；一般以高层级为基准

①预警分析

根据预警的内容选取衡量指标，对指标体系所反映出的空间动态变化进行赋值，并通过进一步计算，划分红、黄、蓝预警等级。不同类型的预警对应不同的空间表征，反映不同的空间关系，从而得到多尺度等级预警空间体系（表 8-2）。发展预警反映的是空间的相对动态变化，需要考量空间绩效的相对状态以及未来发展趋势，根据整体状态与变化趋势程度进行三等级划分并分别赋值，通过两部分分值相加得到预警分值及对应的预警内容。模式预警反映的是层级间的发展协调程度，通过层级间的发展方向的相对变化来体现。根据基准层和比较层的变化方向进行正向、基本稳定、负向三种情况划分并分别赋值，通过计算得到定位空间内所有层级的总体协调度的相对水平，来判断层级间发展模式的协调情况。

预警变化依据空间等级绩效矩阵来判断（图 8-1）。绩效值反映的是某个空间内绩效等级水平的平均值，是横向的计量。空间绩效等级水平通过空间叠加形成空间等级绩效矩阵，此空间矩阵不但可以直观地反映同一层级空间内绩效水平的分布情况，还可以通过其变化情况反映同一空间范围内的空间绩效纵向变化情况，从定位空间内绩效的动态变化情况可以反映各层级空间之间发展的协调程度。协调程度可以通过发展变化的方向和变化的程度来衡量，发展变化的方向是指绩效变化的升高或降低，变化的程度是看升

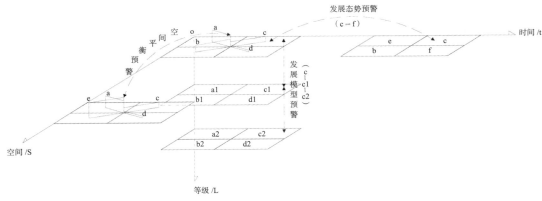

图 8-1　城市主体空间扩展预警机制解析

高或降低的幅度。如变化方向一致，变化程度相当，则认为层级发展协调；如变化方向
一致，变化的程度差别较大，则认为层级发展协调程度一般；如变化方向不一致，则代
表层级间的发展极度不协调。

城市空间预警系统　　　　　　　　　　　　　　　　　　　　表 8-2

预警类型	预警条件				预警等级划分方法	预警分级		
	依据内容	程度划分	程度	赋值	分值法	值域（M）	分级	警示内容
发展型预警	①整体状态	75% ~ 100%	优先	1	$M = ① + ②$	-2	红色	已降至落后水平
		25% ~ 75%	一般	0		-1	黄色	落后且基本稳定；已下降至一般水平
		0 ~ 25%	落后	-1				
	②发展趋势	某个发展阶段中末期与初期的差值：正值为上升、0 为基本稳定、负值为下降	上升	1		0	蓝色	基本稳定在一般水平；经过上升，仍处落后；虽下降，仍优先
			基本稳定	0				
			下降	-1				
模式型预警	①基准层变化方向	上、下层级指标间存在的发展方向差异；上升为正值，下降为负值，不变则为 0	上升	1	$a_i = ① \times ②$ $M = \dfrac{\sum_{i=1}^{n} a_i}{n}$ n 为总层数；i 为比较层；a_i 为比较层分值	75%~100%	红色	层级之间发展模式极度不协调
			基本稳定	0		25%~75%	黄色	层级之间发展模式不协调
			下降	-1				
	②比较层变化方向	以上一层级的状态为基准值，同向为一致，异向为相反	同向	1		0~25%	蓝色	层级之间发展模式出现不协调
			基本稳定	0				
			异向	-1				

注：比较基准层的选择影响警示内容，一般根据预警目的来确定。本文选择研究时段内的最终状态为基准。

②预警结构分析

系统的预警结构可以直观反映系统发展的状态，显然城市预警空间所占比重以及预警内容的等级是判定预警结构的主要因素，根据预警比重越少、等级越低则结构越优的原则对比以下几种结构情形（图 8-2）：

图 8-2　城市空间预警结构分析图

8.2　榆林市空间扩展绩效协调度、发展预警

8.2.1　榆林市空间扩展协调度分析与评价

1. 2004—2008 年间城市空间扩展绩效协调度分析

为了计算的科学性，根据城市空间发展的顺序将协调度分为两个区段来表示。图 8-3 为 2004—2008 年间的城市发展协调度在原有城区的空间分布情况，协调度的值域分布在 [−0.20，0.49]，协调发展的空间平均水平为 0.02。其中协调度较高的空间分布在东北部和南部，而协调度低的空间分布在西南角和东南角。

图 8-4 为该时段内扩展区域的协调度分布情况，因新增区域的协调因子的增幅较大，所以协调值相对较高。值域分布在 [−0.16，0.41]，平均协调水平为 0.32。

图 8-3　2004—2008 年间榆林市起始城区
范围内空间扩展协调度分布图

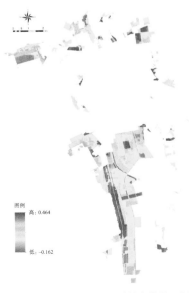

图 8-4　2004—2008 年间榆林市扩展区空间
扩展协调度分布图

2. 2008—2012 年间城市空间扩展绩效协调度分析

图 8-5 为该时段内原城区的空间协调度分布情况，协调值分布在 [-0.29，0.49]，平均协调水平为 0.007；说明该时段内的城市发展的协调度整体下降，其中最高协调程度基本保持在原水平，而不协调状况继续恶化。协调度较高的空间主要分布在城市中部及北部，城市南部的协调状况不佳，并且中部部分区域的协调度急剧下降。

3. 城市空间扩展绩效协调度综合评价

以上分析表明榆林市 2004—2012 年间的协调发展情况有以下特点：城市发展的协调水平有所降低，不协调的情况持续加剧；城市北部原有城区的协调发展情况较好，北部新区的协调发展较差；在协调发展中存在中心区优于边缘区的特点。

从协调度的变化过程来看，生态空间的消减与生态绩效的降低会造成空间协调度的急剧下降，这种情

图 8-5 2008—2012 年间榆林市原城区空间扩展协调度分布图

况易发生在发展较早的区域；因经济先行造成的经济与生态、社会的发展拉开较大差距也会导致协调度较低，这种情况在城市重点开发或新扩展区域内较常出现。

8.2.2 样本年榆林市空间扩展预警

通过城市空间协调度评价可以监督城市系统间相互作用与协调发展的状况，而城市系统内部的问题可以通过系统发展态势预警和系统发展模式预警来实现。前者可以预警城市系统各层级内发展的趋势以及状态，本文以 2012 年城市空间扩展的绩效状况为准，通过 2008 年至 2012 年的绩效变化进行主体发展态势的预警；后者可以预警系统内部各层级间发展模式的不协调，具体以 2012 年城市各主体绩效为基准层，根据主体内各层次的绩效对比进行主体发展模式的预警。

1. 2012 年榆林市生态系统空间预警

根据表 8-2 构建的预警方法，通过 ArcGIS 软件对各系统绩效图进行重分类和栅格计算，得到 2012 年榆林市城市发展空间预警图。

（1）生态发展态势预警

从图 8-6 中可以看出，2012 年榆林市生态发展的状况不容乐观，近 90% 的城区面积在预警范围内。其中蓝色预警面积占 12.7%，黄色预警面积占 18.5%，而红色预警的比重多达 59.0%。红色预警的分布范围

图 8-6 2012 年榆林市生态发展态势预警

较广，过程分析发现"已下降至落后状态"构成了红色预警的主因；黄色预警主要分布在城市生态空间范围内，"已下降至一般水平"是造成黄色预警出现的主因；蓝色预警比重最小且较分散，主要因为"虽经过上升但仍处于一般水平"，同时"经过下降但仍在较优状态"也占一定比例。

数据表明榆林市 2012 年城市生态系统发展的形式十分严峻，必须根据预警原因立即采取对应措施，并加大措施实施的力度以阻止这一形势的进一步恶化。在改善红色预警地带的绩效情况的同时应加强对生态基质本身变化的监督，实时注意其预警状态，优先保障其良好发展态势，以防生态系统发生根本性的破坏。

（2）生态发展模式预警

生态发展模式（图 8-7）与生态发展态势反差较大，虽然较大部分城区仍处于预警之中，但预警的等级构成有很大差别且分布都较为分散。其中蓝色预警比重高达 62.4%，其次是黄色预警占 31.6%，红色预警只有 3.4%。

以上数据显示，榆林市 2012 年生态系统内部各层级之间的矛盾虽然普遍存在但是并不突出。这种情况仍需要引起重视、警惕不良的转化继续发生。

图 8-7　2012 年榆林市生态发展模式预警

2. 城市社会系统空间预警

（1）社会发展态势预警

图 8-8 显示 2012 年榆林市社会发展的态势尚可，有 45% 左右的城区面积处于预警状态，其中黄色预警所占的比例最大，达 35.5%，其次是占 7.6% 的蓝色预警，红色预警面积只占 2.3%。城区北部的社会发展状态较好，多处于非预警状态，南部基本属于黄色预警状态；另外，城市边缘区域多为黄色预警和红色预警，比城市内部的发展状态严峻。从预警的主要构成来看，城市西北角与东南角的红色预警由于"降至落后状态"造成；蓝色预警主要因为该区域"一直稳定在一般水平"；大面积的黄色预警主要是因为"已下降至一般水平"而需要引起特别注意。

虽然城区内部的社会发展状态较好，但城市南部和边缘区域集中存在着较为严峻的社会发展不良趋势，建议根据预警主因尽快采取针对性的措施以扭转现有发展态势。

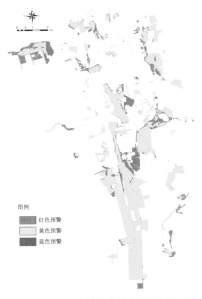

图 8-8　2012 年榆林市社会发展态势预警

（2）社会发展模式预警

与社会发展态势的预警结构不同，社会发展模式的预警（图8-9）为蓝色、黄色、红色依次减少的正三角形结构，分别占44.9%、36.0%、0.1%的比重，共有81%的城区面积处于预警之中。红色预警所占比例较小，其对整体的影响基本可忽略不计；黄色预警主要散布在城区中部及北部，其余则基本处于蓝色预警状态之中。

总之，榆林市社会发展普遍存在层级间模式不协调的矛盾，虽然极不协调的情况还未出现，但是仍要引起足够重视，尽快采取措施防止矛盾进一步加剧。

3. 城市经济系统空间预警

（1）经济发展态势预警

图8-10中信息显示榆林市2012年的经济只出现了蓝色预警，占城区面积的82.6%，非预警空间主要集中在沿榆林河两岸的经济带。"经过上升，但仍处于相对落后水平"是构成蓝色预警的主要原因。

预警状态表明现阶段榆林市经济发展的态势良好，应注意扶持蓝色预警区域的经济体继续成长，缓和空间发展不均衡的状态。

（2）经济发展模式预警

从图8-11上可以很直观地看出榆林市2012年经济发展模式状况良好，只有0.1%的城区面积处于蓝色预警中，因其对整体经济发展基本不产生影响，故可以忽略。因此

图8-9　2012年榆林市社会发展模式预警

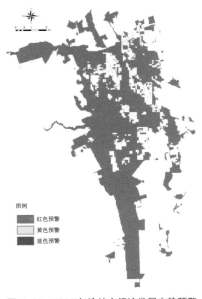

图8-10　2012年榆林市经济发展态势预警

图8-11　2012年榆林市经济发展模式预警

继续维持此良好发展模式是未来的主要工作内容。

4. 城市空间预警综合分析

综合分析以上各系统的预警内容，依据系统预警结构分类（图8-2），得到各系统预警结构如下表所示（表8-3）。显然，生态系统内部的发展情况最不乐观，其次为社会系统，经济系统发展的优势明显；再者，与社会系统相反，生态系统和社会系统的发展模式优于发展态势情况。从各系统内部不同预警类型的空间分布特征来看，系统发展态势与系统发展模式之间没有直接的空间关联。

2012 年榆林市各系统发展空间预警结构分析表　　　　　表 8-3

系统	0	单层	双层	三层 A 型	三层 B 型	倒三角
生态				M		S
社会			S		M	
经济	M	S				

注：M 代表模式预警结构；S 代表态势预警结构。

8.3 固原市空间扩展绩效协调度与发展预警

8.3.1 固原市空间扩展协调度分析与评价

为了计算的科学性，根据固原城市空间发展的顺序将协调度分为两个区段来表示。

2003—2009 年，固原市原有城区的城市发展协调度值域区间为 [-0.31，0.38]，平均水平为 0.02，其中协调度较高的空间分布在中部和北部沿河区域，协调度低的空间分布在城市周边，最低值集中分布在西、北和东北角区域（图 8-12）。

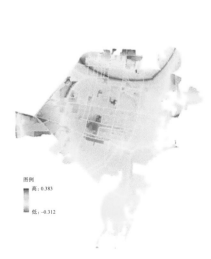

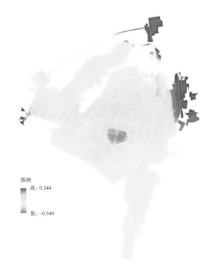

图 8-12　2003—2009 年固原市原有城区　　　图 8-13　2009—2014 年固原市原有城区
　　　　　空间扩展绩效协调度　　　　　　　　　　　　　空间扩展绩效协调度

2009—2014 年固原城区发展的协调度与上一时段相比有所变化，协调度值域区间为 [−0.35，0.34]，平均协调水平为 0.007，协调度最高值略有降低，不协调状况也稍有改善。协调度较高的空间主要分布在城市中部偏南以及北部与东部周边区域；城市南部及西北部的发展协调度不佳，并且中部部分区域的协调度急剧下降（图 8-13）。

结果表明，2003—2014 年，固原城市发展的不协调情况虽有所改善，但协调水平总体降低，城市协调发展中存在差异显著、极端化、中心化的特点。从空间分布来看，城市协调度改善较大的区域分布在城市周边，尤以城市东部、西部和北部边缘区域反差较大；中部整体的协调水平有所下降，中部原有城区的协调发展区域内出现极化现象且协调中心南移。

从协调度的发展过程来看，城市扩展对生态空间的保护利用和生态服务价值的提高，以及城市社会和经济空间结构的高度相似共同促进了城市空间协调度水平的提升。生态空间的消减与生态绩效的降低造成了空间协调度的急剧下降，这种情况主要发生在较早发展的区域。经济系统与生态系统、社会系统的发展差距增大时也会导致协调度较低，这种情况主要发生在城市重点开发或新扩展区域。

8.3.2 样本年固原市空间扩展预警

城市空间协调度评价可以监督城市系统间的相互作用与协调发展状况。空间协调度评价可以通过系统发展态势预警和系统发展模式预警来实现，其中系统发展态势预警可以预警城市系统各层级内发展的趋势以及状态，系统发展模式预警可以预警系统内部各层级间发展模式的不协调情况。研究以 2003 年固原城市空间扩展绩效为基础，通过 2009 年至 2014 年的绩效变化进行主体发展态势的预警；以 2014 年城市各主体绩效为基准，根据主体内各层次的绩效对比进行主体发展模式的预警。根据表 8-2 构建的预警方法，在 ArcGIS 软件的支持下，对各系统绩效分布图进行重分类和栅格计算，得到 2014 年固原市城市发展空间预警图。

1. 2014 年固原市生态系统空间预警

（1）生态发展态势预警

2014 年，固原市约 46.4% 的城区面积在生态系统预警范围内。其中蓝色预警面积占 41.5%，黄色预警面积占 4.1%，红色预警的比重达 0.8%。蓝色预警的分布范围较广，在城区内南部沿"西北-东南"方向呈现带状分布；黄色预警主要分布在城市南部局部区域，呈现点状分布；红色预警比重最小且聚集，主要集中在西南角（图 8-14）。

（2）生态发展模式预警

生态发展模式与生态发展态势反差较大，虽然较大部分城区仍处于预警之中，但预警的等级构成差距大且分布较为分散（图 8-15）。其中蓝色预警比重高

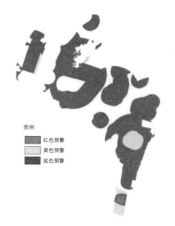

图例

■ 红色预警
□ 黄色预警
■ 蓝色预警

图 8-14　2014 年固原市生态发展态势预警

达 62.4%，其次是黄色预警占 31.6%，红色预警只有
3.4%，表明固原市 2014 年生态系统内部各层级之间
的存在普遍但不突出的发展矛盾，这种情况需要引起
重视，警惕不良状态的转化或继续发生。

2. 2014 年固原市社会系统空间预警

（1）社会发展态势预警

2014 年，固原市社会系统中有 73.4% 左右的城区
面积处于蓝色和黄色的预警状态，其中蓝色预警所占
的比例达 53.6%，黄色预警占 19.8% 的比例，红色预
警暂未出现。黄色预警区域多分布于城区西北部和中
部，呈现西北块状和中部环状的结构形态；蓝色预警
区域多集中在城区中部和南部（图 8-16）。

（2）社会发展模式预警

与社会发展态势的预警结构不同，仅 59.3% 的城
区面积处于社会发展模式预警中，为蓝色和黄色依次
减少的双层预警结构，蓝色和黄色预警分别占 50.5%、
8.8% 的比重。其中黄色预警主要散布在城区中部及南
部，北部普遍处于非预警状态，中部散布着蓝色预警、
非预警和黄色预警区域，且依次减少。

总之，固原市社会系统发展层级间不协调状况显
现，在空间分布上呈从北至南依次加重的现象，值得
引起足够重视，防止系统层级间极不协调的矛盾进一
步加剧。

3. 城市经济系统空间预警

（1）经济发展态势预警

2014 年，固原市的经济系统发展结构为蓝色和黄
色双重预警结构，预警的范围达到城区面积的 95.4%，
且以蓝色预警为主，黄色预警的比例仅占城区面积的
1.5%，并零星散布于城区中部。预警状态表明，现阶
段固原市经济发展基本稳定在一定水平上，但由于其
预警面积较大，影响力值得重视（图 8-17）。

（2）经济发展模式预警

2014 年，固原市经济发展模式状况良好，仅 0.1%
的城区面积处于蓝色预警中，因其对整体经济发展影
响微弱，故可以忽略。

图 8-15　2014 年固原市生态发展模式预警

图 8-16　2014 年固原市社会发展态势预警

图 8-17　2014 年固原市经济发展态势预警

4. 城市空间预警综合分析

依据系统预警结构分类，综合分析各系统以上预警内容，得到各系统预警结构（表8-4）。从预警结构上看，固原市经济系统的状态较优，其次为社会系统和生态系统，但经济系统的预警范围较大。从预警状态上看，经济和生态系统各层级间发展协调，但经济系统发展态势基本稳定，生态系统发展态势相对较弱。总体上来看，三个系统普遍出现发展模式优于发展态势的现象，其中生态和社会的发展模式较优，系统层级间发展较协调；各系统发展态势中蓝、黄双层预警结构较为普遍。

2012 年固原市各系统发展空间预警结构分析表 表 8-4

系统	0	单层	双层	三层 A 型	三层 B 型	倒三角
生态	M			S		
社会			M/S			
经济	M		S			

注：M 代表模式预警结构；S 代表态势预警结构。

9　城市空间优化

发展的内涵是要求进步，不是变大而是变好。因此，不能简单以城市面积扩张拉动城市前进，而要以城市内部现实需求为外部实体空间扩展的根本基础，以空间质量的提升促进城市健康生长。其中，空间结构是空间组织的结果，"城市的真正效率、真正的财富都来自城市的空间结构布局，良好的空间结构布局能够使人们以便捷的方式和最少的成本生活、工作和交往"，空间绩效是衡量空间秩序与结构优劣的尺子。本章首先根据西北地区不同中小城市空间扩展现状，提出不同空间扩展模式下的城市结构优化建议。其次，依据典型案例城市的空间绩效现状，提出城市空间优化建议。

9.1　不同城市空间形态结构优化建议

9.1.1　单中心形态结构

均质化的空间可达性和密度对于小城市的可持续发展和西北地区宜居城市的构建有着明显的优势，因此单中心模式有利于西北中小城市最大程度地发挥空间效益。对于10万人以下的小城市，单中心模式带来的高空间效益最为显著。尽管西北中小城市中心城区呈现出片状、线状或不规则等多种布局形态，但无论城市中心城区空间布局形态如何变化，从中小城市规模效益和聚集效益来看，以商业零售业和行政办公功能为主的"单中心"仍是西北地区小城市空间主要发展模式。

对于单中心形态结构的城市，在空间发展中应避免盲目拉大城市空间框架、低密度蔓延的空间增长方式，建议发展紧凑的、与自然环境有机结合的城市空间。即在尊重和保留自然生态基底的基础上，将城市作为一个小型而紧凑的细胞分散在自然中，合理建设交通基础设施，充分完善交通管理系统，通过高效便捷的交通向上与特大城市及大城市、向下与地域内乡镇形成有机联系。

当前，西北地区的单中心中小城市规模较小，出行相对便捷，对公共交通和步行的依赖程度较大。随着社会经济的快速发展，城市规模的扩大，城市交通出行方式将会发生变化，因此，在未来城市空间规划布局时，根据双评价结果，结合城市空间可达性和空间密度，选取外围空间的潜力区域，并将其作为重点区域进行优先开发，形成能够带动边缘地区空间发展的次级空间极核，避免单核过度发展导致的一系列城市问题。对于空间增速较快的中等城市，建议强化外围环路等生长潜力较强的空间，同时加强构建完善的公共交通体系。

9.1.2　组团式形态结构

1. 加强组团式结构的层次性和稳定性

城市空间扩展质量的提升要注重组团相互之间的协调发展，特别是扩展过程中规模合理与结构合理的双重作用以及部分之间、部分与整体之间变化的同步作用对整体扩展效应的影响。同时应根据集成度中心在空间上的分布决定其他组团中心对不同层次可达性的要求，并通过合理安排动态组织结构使之与静态组织结构形成耦合关系，将组团单元的空间分布与不同层次的可达性分布相协调，使每一个组团既有高集成度的中心，又有足够的发展腹地，并使土地利用效率和交通运营效率均达到最大化。以榆林为例，榆林市空间扩展低效的一个突出表现就是忽略了过程中的协调作用，城市结构与形态之间、组团之间都缺乏有效的互动。建议通过促进东组团的有效集聚向北扩展来缓解急速北扩造成的空间结构的倾斜性失衡；同时两组团向东西向适当生长可以使得整体空间形态更为紧凑；应更谨慎对待空间扩展的行为并以有效的空间聚集与填充为主要的建设内容。再者，"扩展 - 缓冲 - 扩展"的城市空间扩展模式可以通过间断的扩展停滞来进行内部空间填充、缓冲和调整快速扩展带来的负向效应，以反思与应对扩展过程中存在的问题。最后，建议加强对快速发展城市的空间动态监测与空间质量的测度，为及时发现问题、寻找解决办法以及进行科学研究提供支持与帮助。

2. 改善各系统的发展状况

根据城市内部各系统发展与生长的特性，合理安排发展步骤与空间布局，以保证各系统内在价值与外在价值的共同实现。利用即时绩效信息建立城市空间发展预警系统，及时警示城市发展的状态和变化的诱因，通过空间与内容定位增强解决城市发展问题的实效。以榆林为例，根据各系统的生长特性与空间协调关系，完善各系统的空间结构、缩小空间差距，促进城市内部系统的高效发展。通过考虑系统的空间结构特征、影响因素、对空间扩展的敏感度等，对各系统作以下调整（图9-1）：

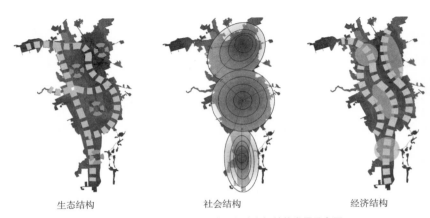

生态结构　　　　　　社会结构　　　　　　经济结构

图 9-1　榆林市生态、社会及经济空间结构发展示意图

（1）完善生态系统的规模结构与空间格局，保护生态的原始性，保证大斑块的比重，增加生态格局的连续性以及空间分布的均匀度，形成以"弓"字形原生态为基础的结构完整的网络空间格局；保持城市南部区域的上升趋势，同时应加强中部及北部的生态建设以扭转其下降的趋势。

（2）根据空间预警的结果，建议在"保护生态环境、维护社会水平、维持经济增长"的基础之上进一步改善各系统的发展状况，尤其应加强对城区南部和边缘的相对落后区域的重视。城市经济高效空间也存在北高南低的现象，因此应继续加强培育南部经济增长极；同时，现状经济结构以纵向为主，应适当增加横向经济带以使经济结构更为稳固。现状城市社会结构的重心位于东北部的老城区，造成社会发展的严重失衡，建议通过在城市南部或中部增加社会公共产品的吸引力营造新的高效中心，以形成多中心的等级圈层结构减少空间差距。

（3）城市空间扩展的速度是影响城市绩效变化的重要因素，数据表明榆林市城市空间扩展过快使得城市发展绩效显著下降，因此应尽量阻止高强度空间扩展的情况发生，并根据城市内在发展需求保证城市空间的合理扩展。根据系统协调度变化及时发现城市系统间相互作用的不协调因素（如南部开发区内社会与生态的低位运行造成其相对落后），并通过提高低位运行系统的绩效弥补城市整体绩效的损失。

9.1.3 多中心及城市组群形态结构

1. 加强中心间的空间联系

加强多个中心之间的空间联系，减少通勤出行时间损耗，尽量将居民通勤时间控制在半小时以内，以此支撑城市运行的空间绩效。对于地形条件限制较大的河谷城市，在空间发展过程中被迫跳跃式发展时，应综合考虑交通联系、辐射范围、职住平衡等因素进行合理的空间选址，同时，根据新城中心的辐射范围、交通能力和就业岗位等因素合理确定新的城市空间范围。加强空间规模及其公共服务设施的等级与其辐射人口规模之间的对等关系。新城空间的规模过小，则无法在其中组织完备的城市活动，无法满足老城人口产业等活动的空间转移和辐射，影响到城市整体空间形态的稳定性，而新城空间的规模过大，则可能会导致新城中心不堪重负，并影响其服务水平。考虑到新城发展初期进行集中开发比零散开发会取得更有利于空间集聚效益的发挥，建议新城在建设初期采用成块成组的土地开发方式。

2. 提升城市区域空间整体集聚力

西北地区多中心及城市组群的空间结构的发展应避免松散式和极不均衡式的空间结构模式，而发展舒展式的紧凑多中心空间结构模式。引导各中心形成明确的职能分工，通过相互协作，使空间上人口和就业在相应的中心内部均衡分布，促进人口中心与就业中心的空间一致，减少出行时耗，提高城市空间结构效应。

以酒嘉城市组群为例，酒泉和嘉峪关目前皆属于小城市，居民的日常市内出行整体在30分钟以内，基本不存在交通拥堵、职住分离、房价高企等城市问题。但随着酒嘉中心城区发展区域性中心城市的目标导向以及酒嘉两市实际联动发展的加快，整个酒嘉中心城区的骨架正在快速拉开、规模正在迅速扩大，在其发展初期若对其不加以引导，很多城市问题将会逐步显现。酒嘉中心城区当前的空间结构存在着多中心结构体系不完善、三大中心发展不均衡，各自的优势功能不突出，空间集聚力量薄弱的负效应，基于发展"三心并立，一心主领"的多中心空间结构导向，未来的酒嘉中心城区空间结构应避免松散式和极不均衡式的多中心发展模式。松散式的多中心发展模式，没有区域性的中心，各中心的职能分工并不十分明确，由于规模都一样，城市居民可到任何一个中心去上班，交通流呈随机状。城市整体较分散，集聚力较弱。该种空间结构模式非但没有起到减少交通需求的作用，反而加重公共交通的负担，另一方面也助长了私人小汽车的使用。极不均衡式多中心结构，拥有一个特别集中和高度综合的主中心，外围分布着其他产业中心，主中心由于比其他中心聚集着更多的优质资源，因而吸引着更多的就业人口，但又由于房价高企，因而大部分人只是来此上班，并不在此居住。而其他中心由于资源的劣势，对就业人口的吸引力不足，但由于居住成本较低，所以与主中心恰好相反，成为传统意义上的卧城。白天大量的人流涌入主中心，晚上又返回外围中心，形成了钟摆式交通，导致核心圈层交通拥堵严重。

通过对酒嘉中心城区居民的日常出行效应分析可知，近几年来，两地居民互相往来人数突然变多，居民的出行目的地呈现多元化发展，嘉峪关市民日常去酒泉市区主要以购物休闲为主，酒泉市民日常去嘉峪关主要以休闲游玩为主，基于此，本文尝试从商业、休闲娱乐康体及展览这几大用地在各时段的空间分布情况角度出发来探寻引发两地居民日常出行效应的原因。由图9-2可知，商业用地方面，2004年到2014年，嘉峪关大中型零售网点用地空间分布基本上无明显变化，主要沿新华路两侧分散布局，整体规模较小。酒泉大中型零售网点用地分布受新城区发展的带动于2009年左右发展较明显，商业布局整体沿鼓楼四周集中分布，规模较大；休闲娱乐康体及展览用地方面，嘉峪关于2004年左右建成大剧院，体育场馆以及城市博物馆，2009年左右东湖生态公园与森林公园建成，2012年讨赖河新区组团中的讨赖河公园和明珠文化生态公园建成，2014年讨赖河新区组

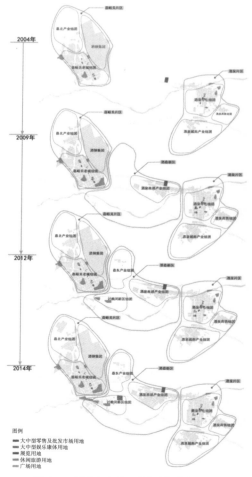

图例
■ 大中型零售及批发市场用地
■ 大中型娱乐康体用地
■ 展览用地
■ 休闲旅游用地
■ 广场用地

图9-2 酒嘉中心城区用地功能演变分析

团中龙王滩遗址公园和占地 75 公顷左右的华强方特大型游乐园建成。酒泉一直仅有三处公园，且都分布于中心城区的东北角，距离市中心较远。2009 年左右市政广场和玉门油田展览馆建成，2014 年酒泉市博物馆建成。

　　结合酒嘉中心城区居民日常出行行为变化特征（表 9-1），对照酒嘉中心城区用地功能演变历程图（图 9-2），可发现互补性是酒嘉中心城区空间日常出行效应发生的一个重要条件，两市用地功能的互补发展对城际间居民的日常出行行为起着很大的引导作用。互补性越大，两市间的相互流动量越大。嘉峪关优美的休闲环境，酒泉集中繁华的购物环境，两市间用地功能上的彼此互补发展，促进了两地居民日常的频繁往来。酒嘉城市空间的演变伴随城市土地利用的重组，土地利用的有机互补重组促进以及加强了空间中各种"流"的有序流动。

　　由以上分析可知，用地功能的互补开发可以加强两地间的空间相互作用，促进区域内部各种"流"的有序流动。酒嘉中心城区在双核多中心联动发展中，在挖掘自身地域特色的同时，应注重空间用地的功能互补配置。嘉峪关应在其现有基础上充分发挥其环境优势，以休闲养生、文化旅游、宜居城市建设为重点，酒泉片区应在其现有基础上做大做强商贸发展。酒嘉新区则作为未来整个酒嘉区域的主中心重点承担整个区域的金融、大型商业娱乐等高端服务职能，整个酒嘉中心城区整体以用地开发的优势互补形成双核多中心联动发展的新型地域空间结构。

酒嘉中心城区用地功能互补发展与居民日常出行行为变化　　　　　　　表 9-1

时间节点	大中型零售商业建成情况		大中型休闲娱乐康体及展览用地建成情况		出行行为变化情况	
	嘉峪关	酒泉	嘉峪关	酒泉	嘉峪关去酒泉	酒泉去嘉峪关
2005 年前	沿新华路分散布局	沿鼓楼四周集中布局	3 处公园，1 处大剧院，2 处体育场馆，1 处博物馆，1 处广场	3 处公园，1 处博物馆	人数较少，以购物休闲为主，集中于鼓楼商业中心	人数较少，以休闲游玩为主，集中于各大公园
2009 年左右	新增 1 处购物中心	新增 3 处购物中心	新增 1 处公园	新增 1 处广场，1 处展览馆	人数缓慢增长，以购物休闲为主，集中于鼓楼商业中心，新增富康购物中心人数增多	人数缓慢增长，以休闲游玩为主，集中于各大公园
2012 年左右	变化不大	变化不大	新增 2 处公园	变化不大	人数快速增长，购物休闲为主，集中于鼓楼商业中心和富康购物中心	人数快速增长，以休闲游玩为主，集中于各大公园，新增两处公园人气渐旺
2014 年左右	变化不大	变化不大	新增 1 处公园，1 处大型游乐园	新增 1 处博物馆	人数大幅度上涨，集中于鼓楼商业中心和富康购物中心	人数大幅度上涨，以休闲游玩为主，集中于近几年新增的 3 处公园

3.稳固首位城市场效应

酒嘉中心城区作为整个酒泉 – 嘉峪关城市组群中的首位城市，是整个城市组群发展的示范区、高起点建设的样板区、管理模式的创新区和最具活力的增长区。其担负着协调与带动整个城市组群发展的重要使命。相较于酒嘉中心城区的发展对整个酒嘉城市组群的重要性而言，产业发展则是整个酒嘉中心城区发展的核心支柱。通过对酒嘉中心城区双核多中心联动外部效应分析可知，当前酒嘉中心城区整体的场效应发展还不稳定。在众多相对重要部门中，两大支柱行业——制造业及批发和零售贸易，发展还不完全稳定；科学研究和综合技术服务，信息、计算机服务和软件业，金融业，交通运输、仓储及邮电通信业，这四大行业发展势头迅猛；住宿和餐饮业、租赁和商务服务业，整体发展较慢，对外影响力较弱，还不足以成为酒嘉中心城区的专业化部门，这与酒嘉中心城区目前正处于快速建设期大有关系。从 2009 年开始至今，在较短的时间内，酒嘉中心城区总共新建设了 3 个产业园区，分别是酒泉西郊产业园区、嘉北产业园区和嘉东产业园区。但由于三大产业园目前还都处于快速发展阶段，各自的主导产业发展还不成熟，受市场的影响波动起伏较大，应加强政府调控，避免出现产业之间的雷同与恶性竞争，进而导致产生整个酒嘉中心城区内部产业发展不稳定现象。

9.2 城市建设用地布局优化

高效地建构城市空间需要通过对城市空间的不断改造来实现。城市空间是一个结构功能系统，功能要素在集聚与扩散之间变迁需要以空间为载体，最终通过城市建设用地发生作用，并不断地通过土地资源利用的"过程引导"和"总量配比"的协调，在微观单元的价值理性与工具理性的统一中寻找平衡，并通过消解旧的空间形态建立新的城市空间秩序形态，因此城市建设用地优化长期以来都是学界的热点议题之一。

早期的建设用地布局优化研究主要是针对城市的空间均衡布局，通常以区位论、增长极理论、田园城市理论等作为宏观空间结构优化的指导理论，以"点 - 轴"理论、同心圆理论、扇形理论、多核学说等作为微观空间结构优化的指导理论，尽管其中可能存在着解决空间复杂性问题的能力不足、布局过于宏观、对微观单元的指导和控制性不强等弊端，但这些思想理论对理解城市土地利用的空间功能分异规律、优化城市结构绩效以及促进城市土地可持续发展做出了重要贡献。之后，在应对城市建设用地持续快速增长引发的交通拥堵、环境污染等城市病过程中，以"精明增长（Smart Growth）""紧凑式发展（Compact Development）""多样化集约式土地利用（Multifunctional Intensive Land-Use）"等为代表的可持续发展思想和现代城市规划理念对城市建设用地优化的指导性不断加强，更多新的方法被用于指导城市用地优化研究中。例如，Dokmeci、Chames 等和 Cheung 等在土地利用空间的优化配置中使用的线性规划方法，Barber 的多目标规划，Diamond 等提出的在不规则单元区域内实现土地适宜性指数最大和土地开发费用最小相协调的空间配置模型等，ErsinTürk 等提出的基于 ILAM 模型的土地利用情景分析方法等不断地将微观层面上的城市建设用地优化模型方法向前推进着。

　　尽管较多的模型方法在城市用地优化中得到了应用和尝试，但城市建设用地优化是一个多因素影响的问题，很难在一个研究中囊括城市建设用地优化的多种影响因素的综合考虑，因此基于研究对象和目标的具体性，着眼于某些关键性因素的考虑是研究的一个显著特点。城市用地的空间布局与功能组合关系能够反馈和影响城市空间绩效，空间绩效现已成为衡量城市用地布局合理与否的重要依据，因此伴随着对快速演变的城市建设用地是否合理高效的反思，从空间绩效的视角分析城市建设用地的障碍因子并对低效用地予以优化成为建设用地优化研究的新动向之一。

　　由于城市经济主体掌握了城市生长的绝对主动性，其增长的稳定性在很大程度上决定着城市发展的稳定性，能够更敏感快速地反馈城市发展需求，所以经济绩效往往成为评价城市用地空间状态的最直接依据。因此，关注城市空间经济绩效变化，并依据其指导城市用地优化，是实现城市高效高质量发展目标的有效路径之一。

　　本节以"状态 - 诉求 - 响应"为逻辑线索，围绕城市空间经济绩效评价——城市空间经济绩效和城市用地的耦合分析——城市空间经济绩效导向下的城市用地布局优化这一思路框架，探索城市建设用地布局优化的新路径（图 9-3）。

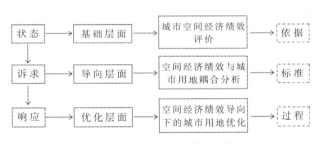

图 9-3　城市建设用地优化思路

9.2.1　城市空间经济绩效演变分析

　　首先，稳定的空间能够产生稳定的空间绩效，激变的空间引起空间绩效剧变。由于城市丰富的社会经济活动最终都要落实到城市用地上来，因此空间经济绩效水平高低既取决于城市不同经济要素聚集的总量，又取决于其所聚集的经济要素构成及空间布局，城市的快速扩展容易引起城市经济绩效的波动。例如，2003—2014 年，固原市建设用地增加了约 3 倍，伴随着快速城市空间扩展,固原市空间结构经历了由单中心到"一主一次"两个组团再到"一主两次"三个组团的演变过程，城市经济绩效共升高了 44.6%，其中2003 至 2009 年间降低了 33.1%，2009 至 2014 年间绩效水平较研究初年提升了 46.4%。绩效水平的总体提升证明了"多组团结构具有更高的城市经济绩效"这一现象不仅存在于特大城市，而且在中小城市中同样存在（图 9-4）。

　　其次，对于处于快速扩展期的城市，相对于新扩展区域在强效的他组织机制下的快速演变，原城区用地的状态往往更具稳定性，原城区的空间经济绩效对城市空间的整体经济绩效水平起着支撑性作用，新增区域能够分散原城区累积的历史绩效。

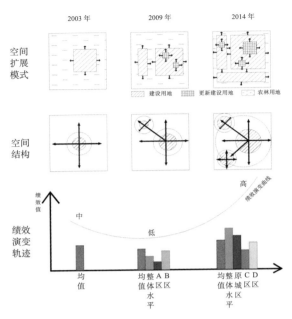

图 9-4　固原市空间扩展与经济绩效演变示意图

　　例如，研究期内，固原市经济绩效水平在波动中得到提升，其中原城区绩效水平不断提升，而扩展区多表现出绩效不佳的状况。2003 年城市东侧沿清水河水域形成显著的低绩效带，西侧靠近古雁岭区域也形成低绩效带，原城区的绩效水平相对高于其他区域；至 2009 年，原城区的绩效水平不断得到提升和扩大，主要向北、向西进行辐射扩展，但外围区域绩效水平过低，造成了城市整体绩效水平欠佳；至 2014 年，原城区的高绩效空间进一步扩大，西北新区和西南新区经济绩效也得到了一定程度的培育发展，共同承担了拉动城市经济的重任，促进了城市经济绩效的巨幅抬升。这是因为原城区能够通过更新发展较好地适应城市整体扩展，表现为地块集聚水平、地块空间引领力的显著增强引领城市空间经济绩效水平持续提高，而且这种绩效水平具有累积效应，能对城市空间经济绩效的整体水平和新扩展区域产生显著的拉动作用，具体表现为经济产出绩效、经济增长绩效、经济增长潜力开发绩效和经济服务绩效的多方面绩效水平提升。

　　从分区演变过程来看，相对于其他扩展区域，D 区绩效水平高于其他扩展区，这表明 D 区扩展的时机是在城市整体发展经济绩效累积相对充足的条件下产生的，且 D 区与 A 区的空间联系相对于其他新扩展区更为紧密，其空间流动能力更强；B 区、C 区和清水河以东区域则受到自然基底的阻隔，与原城区联系的紧密程度较弱，在空间流通性、空间引领力和空间增长潜力等方面的指标绩效水平提升不足，导致这些区域的整体经济绩效水平偏低。据此判断，扩展时机和扩展条件对城市经济绩效水平同样具有显著影响的作用，即原城区通过内涵式扩展持续提高自身的经济绩效水平，当其中的经济增长潜力开发绩效持续提高且较前期增长接近一半水平时，城市便具备了向多组团结构扩展的新时机，否则，就要予以城市空间扩展的缓冲培育期。在缓冲培育期内，新扩展区域内的快速填充发展和原城区的更新发展能够为新一期的城市空间扩展提供经济绩效的历史累积。

9.2.2　空间经济绩效导向下的用地布局优化路径

城市内在特性的规定性决定了其空间结构具有五大构成要素，即：（1）不同功能地块组成的城市节点；（2）城市节点之间存在着导致经济效益差异的梯度；（3）由于空间梯度的存在使得节点间形成通道；（4）节点和通道构成城市空间网络系统；（5）由网络边界形成不同的环，由环生成各具特色的面。在复杂的城市系统中，同时存在着各种各样的"流"，使得城市人口和物质从分散到集聚，能量从低质向高质、信息从无序向有序累积，城市空间的发展表现为城市各类活动要素的互动与调整过程。鉴于此，城市经济绩效空间由绩效节点、绩效梯度、绩效通道、绩效网络和绩效面（在区域环境内反映为城市经济绩效的整体竞争力水平）五种要素构成。其中，绩效节点是反映城市状态的载体单元，绩效梯度是绩效节点间的差异程度反映，其作用手段是绩效流，作用过程具有极化效应、扩展效应和回程效应，使得绩效节点在空间上具有集聚和扩散的动态特性（图 9-5）。就物理形态而言，绩效节点属于点状要素，绩效通道属于线状要素，绩效网络和绩效面属于面状要素。由于绩效节点的组织结构和交互作用，使得每个时间上的绩效节点成为形成新时间上绩效节点的"样本模块"，高绩效节点是新绩效网络构建的理想"生成元"，对低绩效节点具有辐射带动作用，并提供优化参照。因此，绩效梯度效应是城市用地布局优化研究的切入点。

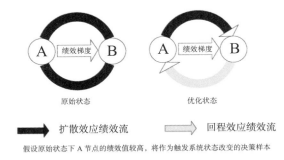

图 9-5　绩效节点梯度效应示意

根据城市用地的内在特性，空间经济绩效导向下的城市用地优化应统筹以下要求：（1）建设用地的动态演变性要求研究体现城市空间发展的过程；（2）城市用地区位刚性要求研究范围的选择应考虑城市建设用地的整体尺度，优化方案应对应空间位置；（3）城市用地功能的目的性要求用地优化能够落实到使用性质上；（4）城市用地总体容量的既定性要求用地的优化应符合时序和计量要求；（5）城市用地的经济性要求布局优化的最终目的和归宿能够提升城市空间经济绩效。

　　基于空间经济绩效的城市用地优化主要通过以下路径来实现（图 9-6 ）。

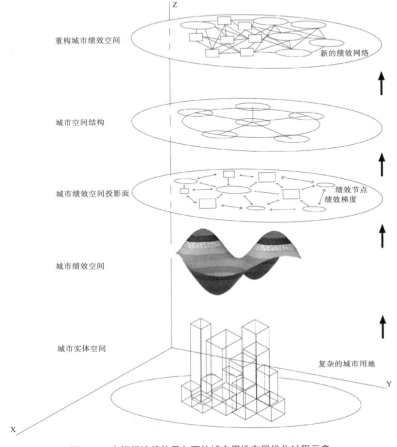

图 9-6　空间经济绩效导向下的城市用地布局优化过程示意

　　路径一：空间结构的选择和建构。

　　空间结构决定城市功能，用地布局是城市功能实现的必经之路，因此城市用地布局的优化应该选择和融入城市核心空间要素，完善和建构适宜的城市结构。优化城市用地布局时，应该充分尊重国家相关行政法规及地方制度环境，充分尊重城市的文化肌理和传统习俗，以城市发展的总体战略为指导，叠加历史、生态等保护性要素内容，构建适宜的城市空间发展结构。

　　路径二：绩效梯度效应的发挥。

　　城市绩效空间的基本构成要素是绩效节点，绩效节点具有一般点状要素的集聚和扩散能力，绩效值的高低代表了不同的凝聚或辐射扩散能力。由于绩效发挥存在一定的延时性，高水平绩效节点在一定时期内仍能保持其绩效优势，低效节点通过系统经验的累积具有提升绩效的动机和潜能，因此在绩效梯度的作用下，绩效流从高效节点流向低效节点,低效节点反作用于高效节点,在一定程度上赶超历史样本的绩效值,实现整体优化。

路径三:绩效网络的重构。

城市绩效网络是绩效节点、梯度、绩效流等构成的面状要素和显性表现,绩效梯度的极化、扩散及绩效流的回程效应导致城市绩效网络的不规则形状和非稳定状态。依据累积因果论,上一层级的绩效网络是下一层级绩效网络的样本和改善系统状态的触媒,通过绩效梯度的流动,使得绩效网络在城市系统的非稳定态下得以修正和重构。

由于城市空间的非均质特征、政策因素、偶发因素以及城市经济发展的动态性,城市经济发展的空间效应存在年计分差,且这种差值很少存在特定规律,因此研究从一定时间周期内空间经济绩效值对比变化状态的"提升"、"稳定"和"降低"三分法出发,将绩效稳定的节点赋值为"0",对绩效提升的节点赋值">0",对绩效降低的节点赋值"<0",以保证绩效梯度效应下形成绩效高值和绩效低值之间的绩效流,具体赋值依据绩效变化程度进行相应的等分和叠加。在耦合分析中,具体通过对城市用地属性信息和绩效节点的空间关联,厘清导致空间经济绩效演变的城市用地的内在因素。在具体的用地优化过程中,首先,优化的对象主要是针对拉低城市空间经济绩效的用地或对城市空间经济绩效提升尚未充分发挥价值的用地。其次,高效节点是低效或者绩效稳定节点的对照样本,在空间上分为用地属性相同而存在绩效梯度差异的情况,和用地属性不同且存在绩效梯度差异的情况,改进程度以绩效梯度为依据,使得绩效流从高绩效节点"流"向低绩效节点。最后,在整体优化、协调共生的基本原则指导下,以城市历史绩效网络为样本,通过叠加文化、生态等保护性要素内容,构建新的绩效网络,以提升城市空间的整体运营效率。

9.2.3 城市建设用地布局优化

研究以固原市为对象检验上述建设用地优化路径的可行性。

1. 基础层面:结果研读

研究期内固原市空间经济绩效波动较大,前期绩效水平降低了33.1%,后期得到46.4%的大幅提升,11年间共提升了44.6%。前期,原城区绩效水平降低了30.7%,扩展区绩效水平较2009年均值低了4.3%;后期,原城区的绩效水平提高了45.5%,扩展区绩效水平分别低于2014年平均水平4.3%和0.4%。在空间分布上,前期原城区绩效水平有所下降,且扩展区绩效不足,是城市空间经济绩效整体降低的原因。道路两侧是原城区绩效降低的主要区域,特别是在城市东北部,分布相对集中;后期原城区绩效提升了0.158,并环聚成了一个高绩效面,对城市空间经济绩效的整体提升贡献显著,绩效降低的用地分布比较分散。同等级绩效容易集聚形成绩效环和面,其中原城区高值绩效面规模较大并且相对集中,而新扩展区域高值绩效面规模相对较小,呈分散布局的特征,反映出固原市尽管在空间形态上呈现出多中心结构特征,但在功能上依然是单中心结构,新扩展区的经济绩效正在培育和提升中(表9-2)。

	2003—2014 年间固原市经济绩效变化及其空间演变			表 9-2	

<table>
<tr><td rowspan="9">经济绩效整体水平</td><td colspan="2">演变过程</td><td colspan="2">先降后升
总体提高</td><td rowspan="9">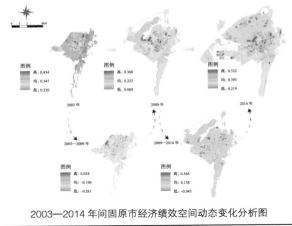
2003—2014 年间固原市经济绩效空间动态变化分析图</td></tr>
<tr><td colspan="2" rowspan="2">研究期</td><td>前期</td><td>后期</td></tr>
<tr><td>−33.1%</td><td>46.4%</td></tr>
<tr><td rowspan="2">原城区</td><td>A 区</td><td>−30.7%</td><td rowspan="2">45.5%</td></tr>
<tr><td>B 区</td><td>−4.3%</td></tr>
<tr><td rowspan="4">新扩展区域</td><td>C 区</td><td colspan="2">−4.3%</td></tr>
<tr><td>D 区</td><td colspan="2">−0.4%</td></tr>
<tr><td rowspan="2">清水河东区</td><td colspan="2"></td></tr>
<tr><td colspan="2"></td></tr>
</table>

2. 导向层面：原城区空间绩效变化的用地耦合分析

在城市空间经济绩效评价的结果上进一步明确样本空间和改进需求空间的分布是用地布局优化的依据。研究表明，2009 年的固原市空间经济绩效平均水平为 0.232，较 2003 年降低了 0.106。为了实现定量化，研究根据 2003—2009 年空间经济绩效差值特点，将其分为 4 个区间，并为每个区间重新赋值，其中所赋新值为"0"的区间代表了绩效值稳定的情况，"> 0"的区间代表绩效值提升，因当期绩效值增加幅度较小，根据区间分类结果，该区间所赋新值为"1"；"< 0"的区间代表了绩效值降低，这类绩效节点较多，根据情况分别赋新值为"−2"和"−1"，前者表示绩效值剧烈降低，后者表示绩效值小幅降低（图 9-7a）。结果表明：相关低绩效节点与城市用地的耦合分析将主要诱因指向

（a）　　　　　　　　　　　　　　　（b）

图 9-7　2003—2014 年固原市绩效变化

一类和三类居住用地向其他用地类型的转移。高绩效节点的形成主要耦合于一类居住用地消失、农林用地和三类居住用地规模的显著减少，以及二类居住用地规模的显著增加（图9-8a）。2009—2014年城市用地类型变化更为复杂化，空间经济绩效梯度整体增大（图9-7b）。结果表明：农林、一类居住与三类居住等用地的规模减少，以及同时伴随的行政办公、区域交通设施、二类居住和商业服务业设施等用地的规模增大共同促使了固原市后期高绩效节点的形成（图9-8b）。其中，尽管区域交通设施用地规模的增加在一定程度上拉动了城市空间经济绩效水平，但受国家、地方发展政策和偶发因素等影响，尚不能完全通过增加区域交通设施用地实现提高城市空间经济绩效的目标。因此，适度降低一类居住用地与三类居住用地的规模将成为城市空间绩效节点的重要改进方向；行政办公用地、商业服务业设施用地等是城市空间经济绩效提升的主要样本节点，适度增加的二类居住用地有助于提升城市空间经济绩效，可以成为居住用地优化的空间样本。

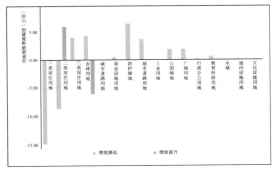
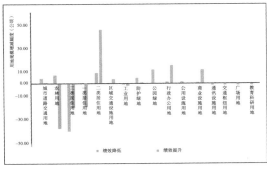

（a）2003—2009年　　　　　　　　　　（b）2009—2014年

图9-8　固原市经济绩效响应的用地类型及面积变化

3. 优化层面：优化布局

（1）结构构建

尽管固原城市总体规划提出了多中心的空间结构，固原市空间发展也在不断实现这一空间结构的过程中，但是其空间经济绩效表明城市发展中实际存在着形态多中心、经济服务功能单中心的结构特征。研究提出，固原市的用地优化首要工作应该是构建符合城市发展规律的空间结构。

首先，结合固原市原城区在城市空间经济绩效中所起的重要作用和新扩展区域空间经济绩效尚待培育的现状，未来一定时期内原城区应继续发挥其经济服务功能的带动作用，并通过合理优化原城区的用地提升城市空间经济绩效的整体水平。其次，针对原城区的经济绩效具有高绩效空间相对集中成组，低绩效空间相对分散的特点，结合城市发展的整体结构规划，将用地属性相同且绩效值较高的节点打造成不同服务层级的空间结构中心。如将公共服务设施分布集中且绩效值较高的节点打造成区域级、市级、组团级等不同级别的公共服务中心，以此辐射带动周围用地的合理布局；在居住用地高值节点分布相对集中的区域形成居住中心，并成组团布局，进一步完善生活配套设施布局；同理，工业用地和仓储用地应以高绩效节点所在的地块为中心进行集中成片布局，以提高此类产业用地的空间集聚效益。最后，保护、融入文化和生态等核心要素内容，形成突出城市山水本底特色，绿化廊道交织、绿化节点镶嵌的城市绿地系统（图9-9）。

（2）布局优化

在优化结构的指导下，首先，针对城市空间经济绩效变化较为显著的居住用地提出改进建议，以二类居住用地与其周围不同类型居住用地的绩效梯度差异为依据，将其中绩效值较高的空间节点作为改进样本，使其绩效"流"向周围低绩效空间，达到改进提升的目的（图9-10a），如对清水河两岸的居住区和城中村等空间的改进。其次，以绩效值较高的商业用地为样本空间，结合城市空间结构的选择，对重点地段的其他类型用地进行优化，其优化程度以提高商业用地网络绩效为目的。类似地，依据绩效梯度对其他类型空间提出改进建议，如对原城区政府街两侧的行政办公用地分批次实施置换迁出，同时结合文化街已有的商业设施，适度增加商务、文旅等服务功能，整合形成市级中心。再次，在基于绩效梯度优化用地布局的基础上，增加绿地广场、配套基础设施等，进一步叠加城市历史文化要素，突出城市环境特色（图9-10b、图9-10c）。最后，在逐地块绩效空间优化的基础上，构建新的城市空间经济绩效网络，实现城市空间经济绩效水平整体提升。

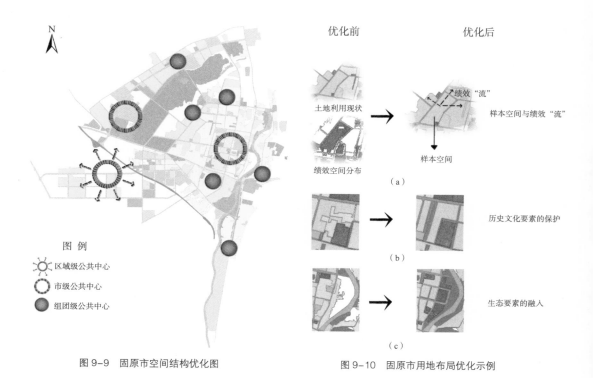

图9-9　固原市空间结构优化图　　　　图9-10　固原市用地布局优化示例

参考文献

[1] WARD S. Planning and urban change[M]. London：Sage Publications Ltd，2004.

[2] WATSON S，GIBSON K. Postmodern Cities and Spaces[M]. Oxford：Blackwell，1995.

[3] 赵莹. 大城市空间结构层次和绩效——新加坡和上海的经验研究 [D]. 上海：同济大学，2007.

[4] 韦亚平，赵民. 都市区空间结构与绩效——多中心网络结构的解释与应用分析 [J]. 城市规划，2006，30（4）：9-16.

[5] JONES E. Metropolis：The World's Great Cities[M]. Oxford：Oxford University Press，1990.

[6] 杨永春，杨晓娟. 1949~2005 年中国河谷盆地型大城市空间扩展与土地利用结构转型——以兰州市为例 [J]. 自然资源学报，2009，24（1）：37-47.

[7] 谢守红，宁越敏. 中国大城市发展和都市区的形成 [J]. 城市问题，2005（1）：11-15.

[8] 韦亚平，赵民，肖莹光. 广州市多中心有序的紧凑型空间系统 [J]. 城市规划学刊，2006（4）：41-45.

[9] 丁成日. 城市空间规划——理论·方法与实践 [M]. 北京：高等教育出版社，2007.

[10] 高宏宇. 社会学视角下的城市空间研究 [J]. 城市规划学刊，2007（1）：44-48.

[11] 吴一洲. 转型时代城市空间演化绩效的多维视角研究 [M]. 北京：中国建筑工业出版社，2013.

[12] 杨滔. 基于大数据的北京空间构成与功能区位研究 [J]. 城市规划，2018，42（9）：28-38.

[13] BERTAUD A. Metropolis：A Measure of the Spatial Organization of 7 Large Cities. ResearchGate，2001.

[14] 赵倩. 走向可持续的城市空间组织与量化方法研究——从起源到嬗变 [D]. 南京：东南大学，2017.

[15] 康德. 纯粹理性批判 [M]. 邓晓芒，译. 杨祖陶，校. 北京：人民出版社，2004.

[16] 康德. 实践理性批判 [M]. 邓晓芒，译. 杨祖陶，校. 北京：人民出版社，2003.

[17] 王兴中. 对城市社会——生活空间的本体解构 [J]. 人文地理，2003，18（3）：1-7.

[18] 冯健，吴芳芳. 质性方法在城市社会空间研究中的应用 [J]. 地理研究，2011，30（11）：1956-1969.

[19] 徐昀. 城市空间演变与整合——以转型期南京城市社会空间结构演化为例 [M]. 南京：东南大学出版社，2011.

[20] NEWLING B E. Urban Growth and Spatial Structure：Mathematical Models and Empirical Evidence[J]. Geographical Review，1966，56（2）：213-225.

[21] 潘海啸. 城市空间的解构——物质性战略规划中的城市模型 [J]. 城市规划汇刊，1999（4）：18-24.

[22] 顾杰. 城市空间增长与城市土地·住宅价格空间结构演变：理论分析与杭州经验 [M]. 北京：经济科学出版社，2010.

[23] 刘涛，曹广忠. 城市用地扩张及驱动力研究进展 [J]. 地理科学进展，2010，29（8）：927-934.

[24] 闫梅，黄金川. 国内外城市空间扩展研究评析 [J]. 地理科学进展，2013，32（7）：1039-1050.

[25] BRUECKNER J K，EDWIN M，MICHALE K. Urban Sprawl：Lessons From Urban Economics[C]. Brookings-Wharton Papers on Urban Affairs，2001：65-97.

[26] MALPEZZI S，GUO W K. Measuring "sprawl"：Alternative Measures of Urban Formin U.S. Metropolitan Areas[R]. Center for Urban Land Economics Research，University of Wisconsin，2001.

[27] MCMILLEN D. Testing for monocentricity-A Companion to Urban Economics[M]. Malden MA：Blackwell Publishing，2006.

[28] 田莉，姚之浩，郭旭，等. 基于产权重构的土地再开发——新型城镇化背景下的地方实践与启示 [J]. 城市规划，2015，39（1）：22-29.

[29] 张晓青. 西方城市蔓延和理性增长研究述评 [J]. 城市发展研究，2006，（2）：34~38.

[30] 韦亚平. 国外城市空间研究发展态势的选择性综述——兼论我国城市区域研究的几个重点主题 [J]. 国外城市规划，2006，21（4）：72-76.

[31] RAVETZ J. Integrated Planning For a Sustainable Environment[M]. London：Earthscan publications Ltd，2000.

[32] HARRIS N，HOOPER A. Rediscovering the "Spatial" in Public Policy and Planning：An Examination of the Spatial Content of Sectoral Policy Documents[J]. Planning Theory Practice，2001，5（2）：147-169.

[33] JENSEN O B，RICHARDSON T. Being on the map：The New Iconographies of Power over European Space[J]. International Planning Studies，2003，8（1）：9-34.

[34] 薛领，杨开忠. 复杂科学与区域空间演化模拟研究 [J]. 地理研究，2002，21（1）：79-88.

[35] 薛领，杨开忠. 城市演化的多主体（Multi-agent）模型研究 [J]. 系统工程理论与实践，2003（12）：1-9.

[36] 黄泽民. 我国多中心城市空间自组织过程分析——克鲁格曼模型借鉴与泉州地区城市演化例证 [J]. 经济研究，2005，40（1）. 85-94.

[37] 龙瀛，韩昊英，毛其智. 利用约束性 CA 制定城市增长边界 [J]. 地理学报，2009，64（8）：999-1008.

[38] 黄明华，田晓晴. 关于新版《城市规划编制办法》中城市增长边界的思考 [J]. 规划师，2008，24（6）：13-15.

[39] JUN M J. The Effects of Portland's Urban Growth Boundary on Housingprices[J]. Journal of the American Planning Association，2006，72（2）：239-243.

[40] 丁成日，宋彦，KNAAP G，黄艳. 城市规划与空间结构——城市可持续发展战略 [M]. 北京：中国建筑工业出版社，2005.

[41] 奥康纳. 墨尔本大都市区战略规划的历史经验和现行实践 [J]. 国际城市规划，2008（5）：3-10.

[42] WHITELAW W E. Measuring the Effects of Public Policies on the Price of Urban Land[M]//BLACK J T，HOBEN J E. Urban Land Markets：Price Indices，Supply Measures，and Public Policy Effects. Washington DC：Urban Land Institute，1980：12-13.

[43] KNAAP G J. The Price Effects of an Urban Growth Boundary：a Test for the Effects of Timing[D]. Eugene：University of Oregon，1982.

[44] NELSON A C. Using Land Markets to Evaluate Urban Containment Programs[J]. Journal of the American Planning Association，1986，52（2）：156-171.

[45] BRUECKNER J K. Urban Growth Boundaries: an Effective Second-best Remedy for Unpriced Traffic Congestion?[J]. Journal of Housing Economics, 2007, 16（3/4）: 263-273.

[46] TURNBULL G K. Urban Growth Control: Transitional Dynamics of Development Fees and Growth Boundaries[J]. Journal of Urban Economics, 2004, 55（2）: 215-237.

[47] JUN M J. The Effects of Portland's Urban Growth Boundary on Urban Development Patterns and Commuting[J]. Urban Studies, 2004, 41（7）: 1333-1348.

[48] CHO S H, POUDYAL N, LAMBERT D M. Estimating Spatially Varying Effects of Urban Growth Boundaries on Land Development and Land Value [J]. Land Use Policy, 2008, 25（3）: 320-329.

[49] 方凌霄. 美国的土地成长管理制度及其借鉴 [J]. 中国土地, 1999（8）: 42-43.

[50] 刘海龙. 从无序蔓延到精明增长——美国"城市增长边界"概念述评 [J]. 城市问题, 2005（3）: 67-72.

[51] 苏建忠, 魏清泉, 郭恒亮. 广州市的蔓延机理与调控 [J]. 地理学报, 2005, 60（4）: 626-636.

[52] 段德罡, 芦守义, 田涛. 城市空间增长边界（UGB）体系构建初探 [J]. 规划师, 2009, 25（8）: 11-15.

[53] 黄明华, 高峰. 中国城市发展特征视角下的城市生长边界研究 [C]// 中国城市规划学会. 生态文明视角下的城乡规划——2008 中国城市规划年会论文集. 北京: 中国建筑工业出版社, 2008: 1-8.

[54] 黄埔玥, 张京祥, 陆枭麟. 当前中国城市空间增长管理体系及其重构建议 [J]. 规划师, 2009, 25（8）: 5-10.

[55] 翟宝辉, 王如松, 李博. 基于非建设用地的城市用地规模及布局 [J]. 城市规划学刊, 2008（4）: 70-74.

[56] 俞孔坚, 李迪华, 刘海龙. "反规划"途径 [M]. 北京: 中国建筑工业出版社, 2006.

[57] 杨建军, 周文, 钱颖. 城市增长边界的性质及划定方法探讨——杭州市生态带保护与控制规划实践 [J]. 华中建筑, 2010, 28（1）: 122-125.

[58] 李咏华. 生态视角下的城市增长边界划定方法——以杭州市为例 [J]. 城市规划, 2011, 35（12）: 83-90.

[59] 祝仲文, 莫滨, 谢芙蓉. 基于土地生态适宜性评价的城市空间增长边界划定——以防城港市为例 [J]. 规划师, 2009, 25（11）: 40-44.

[60] 龙瀛, 何永, 刘欣, 等. 北京市限建区规划: 制订城市扩展的边界 [J]. 城市规划, 2006（12）: 20-26.

[61] 龙瀛, 毛其智, 沈振江, 等. 综合约束 CA 城市模型: 规划控制约束及城市增长模拟 [J]. 城市规划学刊, 2008（6）: 83-91.

[62] 刘加平, 陈晓键. 意识与能力: 城市建设的限度 [J]. 城市规划学刊, 2017(1): 89-92.

[63] 张世良, 叶必雄, 肖守中. 径向基函数网络与 GIS/RS 融合的 UGB 预测 [J]. 计算机工程与应用, 2012, 48（20）: 227-235.

[64] 马冬梅, 陈晓键. 中国城市空间结构绩效研究评析与展望 [J]. 华中建筑, 2014(10): 34-40.

[65] 颜文涛, 萧敬豪, 胡海, 等. 城市空间结构的环境绩效: 进展与思考 [J]. 城市规划学刊, 2012（5）: 50-59.

[66] ARMSTRONG M, BARON A. Performance Management: The New Realities[M]. London: The Cromwell Press, 1998.

[67] 彭坤焘, 赵民. 关于"城市空间绩效"及城市规划的作为 [J]. 城市规划, 2010（8）: 9-17.

[68] 罗名海. 武汉市城市空间形态的测度评价 [J]. 新建筑, 2005（1）: 24-27.

[69] 李雅青. 城市空间经济绩效评估与优化研究 [D]. 武汉：华中科技大学，2009.

[70] 任庆昌，杨沛儒，王浩，等. 紧凑发展与城市生态空间绩效的测度——以广州南沙区城市生态空间模式的测度为例 [C]// 中国城市规划学会. 生态文明视角下的城乡规划——2008 中国城市规划年会论文集. 北京：中国建筑工业出版社，2008.

[71] 孙斌栋，潘鑫，吴雅菲. 城市交通出行影响因素的计量检验 [J]. 城市问题，2008（7）：11-15.

[72] 刁星，程文. 城市空间绩效评价指标体系构建及实践 [J]. 规划师，2015，31（8）：110-115.

[73] 吕斌，陈睿. 实现健康城镇化的空间规划途径 [J]. 城市规划，2006，30（3A）：65-68，74.

[74] 李峰清，赵民. 关于多中心大城市住房发展的空间绩效：对重庆市的研究与延伸讨论 [J]. 城市规划学刊，2011，35（3）：8-18.

[75] 吕斌. 转型期中国城市空间可持续再生的课题与途径 [J]. 资源与产业，2005（6）：62-63.

[76] 孙斌栋，潘鑫. 城市空间结构对交通出行影响研究的进展——单中心与多中心的论争 [J]. 城市问题，2008（1）：19-22.

[77] 周素红，闫小培. 基于居民通勤行为分析的城市空间解读——以广州市典型街区为案例 [J]. 地理学报，2006，61（2）：179-189.

[78] 韦亚平. 既有研究实践的若干检讨以及城市空间发展战略规划形成的约束条件 [M]// 城市空间发展战略研究——"理想空间"第五辑. 上海：同济大学出版社，2004.

[79] 鲁春阳，文枫，杨庆媛，等. 基于改进 TOPSIS 法的城市土地利用绩效评价及障碍因子判断——以重庆市为例 [J]. 资源科协，2011，33（3）：535-541.

[80] 赵千钧，张国钦，崔胜辉. 对中小城市在城市化过程中的主体地位及城市效率研究的思考 [J]. 战略与决策研究，2009，24（4）：386-393.

[81] 郭磊贤. 空间过密化与反过密化——中国大城市空间演化的一个解释框架及初步验证 [J]. 城市规划，2019，43（2）：59-66.

[82] LUCK，TIMOTHY W. Identity，Meaning and Globalization：Detraditionalization in Postmodern Space-time Compression[M]//HELLAS P，LASH S，MORRIS P. Detraditionalization. Malden MA：Blackwell Publishing，1996.

[83] CERVERO R，KOCKELMAN K. Travel demand and the 3Ds：Density，diversity，and design[J]. Transportation Research D，1997，2（3）：199-219.

[84] EWING R，CERVERO R. Travel and the Built Environment：Ameta-analysis[J]. Journal of the American Planning Association，2010，76（3）：265-294.

[85] 王静文，毛其智，党安荣. 北京城市的演变模型——基于句法的城市空间与功能模式演进的探讨 [J]. 城市规划学刊，2008（3）：82-88.

[86] 何静. 产业集聚对城市空间结构的影响研究——以浙江省为例 [D]. 杭州：浙江理工大学，2010.

[87] 高敏. 成都城市空间形态扩展时空演化过程及其规律分析 [D]. 成都：西南交通大学，2009.

[88] 王春才. 城市交通与城市空间演化相互作用机制研究 [D]. 北京：北京交通大学，2007.

[89] 陈蔚镇，郑炜. 城市空间形态演化中的一种效应分析——以上海为例 [J]. 城市规划，2005，29（3）：15-21.

[90] 金巍巍. 城市空间演化与城市交通互动影响的系统动力学分析 [D]. 北京：北京交通大学，2009.

[91] 罗显正. 多中心城市空间结构的演化及规划干预研究 [D]. 重庆：重庆大学，2014.

[92] 石巍. 多中心视角下的上海城市空间结构研究 [D]. 上海：华东师范大学，2012.

[93] 官莹，管驰明，周章. 经济功能演替下的城市空间结构演化——以深圳市为例 [J]. 地域研究与开发，2006，25（1）：58-61.

[94] 叶昌东，周春山. 中国特大城市空间形态演变研究 [J]. 地理与地理信息科学，2013（3）：70-75.

[95] 王玉明. 地理环境演化趋势的熵变化分析 [J]. 地理学报，2011，66（11）：1508-1517.

[96] 冷方兴，孙施文. 争地与空间权威运作——一个土地政策视角大城市边缘区空间形态演变机制的解释框架 [J]. 城市规划，2017，41（3）：67-76.

[97] 石忆邵. 从单中心城市到多中心城市——中国特大城市发展的空间组织模式 [J]. 城市规划汇刊，1999（3）：36-39，26.

[98] 刘嘉毅，陈玉萍. 中国城市空间扩展的时空演变特征及驱动因素 [J]. 城市问题，2018（6）：20-28.

[99] 顾朝林. 中国城市地理 [M]. 北京：商务印书馆，1999.

[100] 秦川. 西北地区中小城市形态结构类型化研究 [D]. 西安：西安建筑科技大学，2007.

[101] 冯斌，王梓潞. 城市建设用地增长特征指标的时间演变、体系构建与空间适用 [J]. 城市建筑.2020，345（17）：11-15.

[102] 韩晨. 基于地学信息图谱的西安城市空间扩展研究 [D]. 西安：陕西师范大学，2007.

[103] 周倩仪. 基于 GIS 与 RS 的近 20 年广州市城市建设用地扩展研究 [D]. 广州：广州大学，2010.

[104] 李书娟，曾辉. 快速城市化地区建设用地沿城市化梯度的扩张特征——以南昌地区为例 [J]. 生态报，2004（1）：55-62.

[105] 吴铮争，宋金平，王晓霞. 北京城市边缘区城市化过程与空间扩展——以大兴区为例 [J]. 地理研究，2008，（2）：285-293，483.

[106] 李雪瑞. 天津市土地利用变化与城市扩展研究 [D]. 北京：北京林业大学，2010

[107] 赖联泓，基于遥感与 GIS 的环泉州湾地区城市用地扩展研究 [D]. 福州：福建师范大学，2014.

[108] 刘诗苑，陈松林. 基于重心测算的厦门市建设用地时空变化驱动力研究 [J]. 福建师范大学学报（自然科学版），2009，2（3）：108-113.

[109] MARQUEZ L O，SMITH N C. A framework for linking urban form and air quality[J]. Environmental Modelling and Software，1999，14（6）：541-548.

[110] 林炳耀. 城市空间形态的计量方法及其评价 [J]. 城市规划汇刊，1998（3）：43-45.

[111] 刘纪远，王新生，庄大方，等. 凸壳原理用于城市用地空间扩展类型识别 [J]. 地理学报,2003,58（6）：885-892.

[112] XU C，LIU M，ZHANG C，et al. The spatiotemporal dynamics of rapid urban growth in the Nanjing metropolitan region of China[J]. Landscape Ecology，2007，22（6）：925-937.

[113] 程兰，吴志峰，魏建兵，等. 城镇建设用地扩展类型的空间识别及其意义 [J]. 生态学杂志，2009，28（12）：2593-2599.

[114] 刘桂林，张落成，张倩. 苏南地区建设用地扩展类型及景观格局分析 [J]. 长江流域资源与环境，

2014，23（10）：1375-1382.

[115] 刘小平，黎夏，陈逸敏，等.景观扩张指数及其在城市扩展分析中的应用 [J]. 地理学报，2009，64（12）：1430-1438.

[116] ROO G D. Environmental conflicts in compact cities：complexity，decisionmaking，and policy approaches [J].Environment and Planning B：Planning and Design，2000，27（1）：151-162.

[117] BOYCE R R，CLARK W A V. The concept of shape in geography[J]. Geographical Review，1964，54（9）：561-572.

[118] 王新生，刘纪远，庄大方，等.中国特大城市空间形态变化的时空特征 [J]. 地理学报，2005，60（3）：392-400.

[119] 郭腾云，董冠鹏.基于 GIS 和 DEA 的特大城市空间紧凑度与城市效率分析 [J]. 地球信息科学学报，2009，11（4）：482-490.

[120] 马荣华，陈雯，陈小卉，等.常熟市城镇用地扩展分析 [J]. 地理学报，2004，3（5）：418-426.

[121] 余新晓，牛健植，关文彬.景观生态学 [M]. 北京：高等教育出版社，2006.

[122] 付博杰，陈利顶，马克明.景观生态学原理及其运用 [M]. 北京：中国科学出版社，2011.

[123] 史晓云.城市化加速期城市用地规模扩展研究——以南京市为例 [D]. 南京：南京农业大学，2004.

[124] 王立言.基于遥感影像的城市扩展研究 [D]. 西安：长安大学，2014.

[125] 黄金荣，雷国平，马和.哈尔滨市所辖周边市县用地规模合理性的空间分析 [J]. 经济地理，2009，29（1）：87-91.

[126] 周志武.长株潭城市群建设用地扩张的特征及合理性评估研究 [D]. 长沙：湖南大学，2012.

[127] 罗是辉，吴次芳.城市用地效益的比较研究 [J]. 经济地理，2003（5）：367-370，392.

[128] 中国天气网.固原气候背景分析 [EB/OL].（2014-05-5）[2015-2-17].http：//www.weather.com.cn/cityintro/101170401.shtml

[129] 李兰.基于主体价值的城市空间扩展绩效研究 [D]. 西安：西安建筑科技大学，2014.

[130] 王慧芳，周恺.2003—2013 年中国城市形态研究评述 [J]. 地理科学进展，2014（5）：689-701.

[131] 朱宁.城市扩展形态的度量及预测研究——以原杭州市区为例 [D]. 浙江：浙江大学，2006.

[132] 张庭伟.1990 年代中国城市空间结构的变化及其动力机制 [J]. 城市规划，2001，25（7）：7-14.

[133] 付红艳.城市景观格局演变研究现状综述 [J]. 测绘与空间地理信息，2014（4）：73-74，77.

[134] 姚慧琴，徐璋勇，赵勖，等.中国西部经济发展报告（2013）[M]. 北京：社会科学文献出版社，2013.

[135] 陈利顶，傅伯杰.黄河三角洲地区人类活动对景观结构的影响分析——以山东省东营市为例 [J]. 生态学报，1996，16（4）：337-344.

[136] TISCHENDORF L. Can landscape Indices Predict Ecological Processes Consistently?[J].Landscape Ecology，2001，16（3）：235-254.

[137] 苏常红，傅伯杰.景观格局与生态过程的关系及其对生态系统服务的影响 [J]. 自然杂志，2012（5）：277-283.

[138] 邬建国.景观生态学——格局、过程、尺度与等级（2 版）[M]. 北京：高等教育出版社，2007.

[139] 吕一河，陈利顶，傅伯杰．景观格局与生态过程的耦合途径分析 [J].地理科学进展，2007，26（3）：1-10.

[140] 陈利顶，刘洋，吕一河，冯晓明，傅伯杰．景观生态学中的格局分析：现状、困境与未来 [J].生态学报，2008（11）：5521-5531.

[141] 郭泺，薛达元，杜世宏．景观生态空间格局——规划与评价 [M].北京：中国环境出版社，2009.

[142] 肖笃宁．景观生态学 [M].北京：科学出版社，2003.

[143] 冷奕明，张文秀．城市化与土地利用变化研究——以成都市为例 [J].西南农业学报，2006（2）：214-218.

[144] 高瞻，闫志刚，丁允静．基于遥感的石家庄市土地利用及其景观格局变化研究 [J].测绘与空间地理信息，2010（3）：45-49.

[145] 冯永玖，刘艳，周茜，韩震．景观格局破碎化的粒度特征及其变异的分形定量研究 [J].生态环境学报：2013，22（3）：443-450.

[146] 冀亚哲．多空间粒度下镇江市土地利用景观格局差异 [J].中国土地科学，2013（5）：1，54-62.

[147] 申卫军，邬建国，林永标，等．空间粒度变化对景观格局分析的影响 [J].生态学报，2003，23（12）：2506-2519.

[148] 赵文武，傅伯杰，陈利顶．景观指数的粒度变化效应 [J].第四季研究，2003，23（3）：326-333.

[149] 肖笃宁，李秀珍．景观生态学的学科前沿与发展战略 [J].生态学报，2003（8）：1615-1621.

[150] 朱明，濮励杰，李建龙．遥感影像空间分辨率及粒度变化对城市景观格局分析的影响 [J].生态学报，2008（6）：2753-2763.

[151] 赵晓燕，刘康，秦耀民．基于 GIS 的西安市城市景观格局 [J].生态学杂志，2007，26（5）：706-711.

[152] 顾朝林．集聚与扩散——城市空间结构新论 [M].东南大学出版社，2000.

[153] 马菊．陕西省中小城市空间绩效评价指标体系构建研究 [D].西安：西安建筑科技大学，2014.

[154] 陈晓键，秦川．西北地区中小城市空间扩展及其动力机制研究 [J].国际城市规划，2011（1）：37-40.

[155] 丁成日．空间结构与城市竞争力 [J].地理学报，2004，59（1）：85-92.

[156] 罗小龙，沈建法．长江三角洲城市合作模式及其理论框架分析 [J].地理学报，2007，62（2）：115-126.

[157] 陶松龄．城市问题与城市结构 [J].同济大学学报（自然科学版），1990（2）：268.

[158] 王刚．街道的形成——1861 年以前汉口街道历史性考察 [J].新建筑，2010(4)：122-128.

[159] 吕斌，曹娜．中国城市空间形态的环境绩效评价 [J].城市发展研究，2011（7）：38-46.

[160] 许为民，李稳博．浅析绩效内涵的国内外发展历程及未来趋势 [J].吉林师范大学学报（人文社会科学版），2009，（6）：83-86.

[161] 江曼琦．城市空间结构优化的经济分析 [M].北京：人民出版社，2001.

[162] 陈睿．都市圈空间结构的经济绩效研究 [D].北京：北京大学，2007.

[163] 尚正永．城市空间形态演变的多尺度研究 [D].南京：南京师范大学，2011.

[164] 龙瀛，吴康，王江浩，等．大模型：城市和区域研究的新范式 [J].城市规划学刊，2014（6）：52-60.

[165] HARVEY D. The Urban Process Under Capitalism：A Frame-work for Analysis[J]. International Journal of Urban and Regional Research，1978，2（1-4）：101-131.

[166] 焦贝贝．酒嘉城镇群核心区城市空间扩展与资源环境、经济发展关系研究 [D]. 兰州：西北师范大学，2014.

[167] 李兰．城市空间解读：主体价值与扩展绩效 [M]. 北京：中国建筑工业出版社，2017.

[168] 刘盛和．城市土地利用扩展的空间模式与动力机制 [J]. 地理科学进展，2002，21（1）：43-50.

[169] 叶玉瑶，张虹鸥，周春山，等．"生态导向"的城市空间结构研究综述 [J]. 城市规划，2008，32（5）：69-74.

[170] 金凤君．经济社会空间组织与效率：功效空间组织机理与空间福利研究 [M]. 北京：科学出版社，2013.

[171] 杨贵庆．城市空间多样性的社会价值及其"修补"方法 [J]. 城乡规划，2017(3)：37-45.

[172] 申庆喜，李诚固，孙亚南，等．基于用地与人口的新城市空间演变及驱动因素分析——以长春市为例 [J]. 经济地理，2018，38（6）：44-51.

[173] 李平，佟连军，邓丽君．辽中南城市群内在功能联系及优化建议 [J]. 地域研究与开发，2009，28（6）：42-45，57.

[174] 马学广，李贵才．欧洲多中心城市区域的研究进展和应用实践 [J]. 地理科学，2011，31（12）：1421-1429.

[175] 刘克华，陈仲光．区域管治的新探索：厦泉漳城市联盟规划战略 [J]. 经济地理，2005，25（6）：833-846.

[176] 王格芳，王成新．高速公路对城市群结构演变的影响研究——以山东半岛城市群为例 [J]. 地理科学，2011，31（1）：61-67.

[177] 柴彦威，刘天宝，塔娜．基于个体行为的多尺度城市空间重构及规划应用研究框架 [J]. 地域研究与开发，2013，32（4）：1-7，14.

[178] 北京清华城市规划设计研究院．酒嘉一体化城市总体规划纲要（2011-2030）[Z]. 北京：北京清华城市规划设计研究院，2011.

[179] 李兰，陈晓键．基于本体视角的城市空间绩效评价研究探析 [J]. 开发研究，2014（3）：154-157.

[180] 黄明华．西北地区中小城市"生长型规划布局"方法研究 [D]. 西安：西安建筑科技大学，2004.

[181] 任晓娟，陈晓键，马泉．宁夏固原市空间扩展的经济绩效演变 [J]. 遥感信息，2019，34（1）：78-86.

[182] 任晓娟，陈晓键，马泉．空间经济绩效导向下的城市用地布局优化研究 [J]. 城市规划，2019，43（7）：50-59.

[183] DOKMECI V. Multi-objective Model for Regional Planning of Health Facilities[J]. Environment and Planning A，1974（5）：517-525.

[184] CHAMES A，HAYNES K E，HAZLETON J E，et al. A Hierarchical Goal Programming Approach to Environmental Land-Use Management[J]. Geographical Analysis，1975（4）：121-130.

[185] CHEUNG H K，AUGER J A. Linear Programming and Land Use Allocation：Suboptimal Solutions and Policy [J]. Socio-Economic Planning Sciences，1976（1）：43-45.

[186] BARBER G M. Land-Use Planning via Interactive Multi-Objective Programming[J].Environment and Planning A，1976（8）：625-636.

[187] DIAMOND J T，WRIGHT J R. Efficient Land Allocation[J]. Journal of Urban Planning and Development，1989（2）：81-96.

[188] Ersin Türk，ZWICK P D. Optimization of land use decisions using binary integer programming：The case of Hillsborough County，Florida，USA[J]. Journal of Environmental Management，2019，235（4）：240-249.

[189] 顾杰 . 城市增长与城市土地、住房价格空间结构演变 [D]. 杭州：浙江大学，2006.

[190] 赵民，柏巍，韦亚平 . "都市区化" 条件下的空间发展问题及规划对策——基于实证研究的若干讨论 [J]. 城市规划学刊，2008(1)：37-43.

[191] 张晓青，李玉江 . 山东省城市空间扩展和经济竞争力提升内在关联性分析 [J]. 地理研究，2009，28(1)：173-181.

[192] 乔欣 . 城市用地评定中的生态优先原则导入 [D]. 重庆：重庆大学，2004.

[193] 陈易 . 城市建设中的可持续发展理论 [M]. 上海：同济大学出版社，2003.

[194] 金凤君 . 论人类可持续发展的空间福利 [J]. 地理研究，2014，33(3)：582-588.

[195] 李颖佼 . 老港区功能置换与城市空间协调发展探析 [D]. 青岛：青岛理工大学，2014.